从容 淡定 做自己

〈素手纤云 著〉

人生最曼妙的风景，
竟是内心的淡定与从容。

民主与建设出版社

图书在版编目(CIP)数据

从容淡定做自己 / 素手纤云著. -- 北京：民主与建设出版社, 2017.3（2023.11重印）

ISBN 978-7-5139-1426-0

Ⅰ.①从… Ⅱ.①素… Ⅲ.①人生哲学-通俗读物 Ⅳ.①B821-49

中国版本图书馆CIP数据核字(2017)第040791号

© 民主与建设出版社，2017

从容淡定做自己
CONGRONG DANDING ZUOZIJI

出 版 人	许久文
著　者	素手纤云
责任编辑	刘树民
封面设计	仙境书品
出版发行	民主与建设出版社有限责任公司
电　话	（010）59417747　59419778
社　址	北京市朝阳区阜通东大街融科望京中心B座601室
邮　编	100102
印　刷	大厂回族自治县彩虹印刷有限公司
版　次	2017年5月第1版　2023年11月第2次印刷
开　本	880mm×1230mm　1/32
印　张	8.5
字　数	185千字
书　号	ISBN 978-7-5139-1426-0
定　价	36.00元

注：如有印、装质量问题，请与出版社联系。

目 录

001 第一章　不要仰望别人，你的幸福刚刚好

愿你眼底无离恨，我信人间有白头 /002

姑娘，请不要随意安放自己的灵魂 /007

彼此迁就的婚姻才幸福 /013

婚姻里最可怕的不是贫穷 /018

不要仰望别人，你的幸福刚刚好 /024

靠自己，也靠男人 /029

待悲伤老去，等幸福重来 /034

你是我想要的温暖 /040

045 第二章 女人的精致源于内心的从容

真正的女人，懂得养心比养颜更重要 /046

女人的精致，源于内心从容 /052

再回首，旧爱也是新颜 /057

爱自己，才是终身浪漫的开始 /063

唯愿世间所有相逢，都能有始有终 /069

你有没有，无比认真地依赖谁 /075

失去你，有了世界又如何 /081

爱，是温柔豢养 /087

好婚姻，需要男女都懂事 /094

101 第三章 让情调住进灵魂里

你的温柔，媚眼如丝 /102

你有没有长成自己喜欢的样子 /108

此生，愿你只生欢喜不生愁 /113

让情调住进灵魂里 /119

有多少岁月静好，就有多少颠沛流离 /125

玫瑰不问为什么 /131

昼颜：花开夜，欲落晨 /137

你的安全感，谁愿意给？ /142

有些遗憾，别成永远 /148

153 第四章 守住初心,才能将生活过成诗

守住初心,才能将生活过成诗 /154

岁月长长,有谁在等你 /160

愿你像妖精一样,不动声色地老去 /166

若无其事,待清风自来 /171

怎样的生活,我们都要波澜不惊地过下去 /177

好好爱,废墟也能开花 /181

亲爱的,请不要挑剔我 /187

两人不嫌弃,一人不孤单 /192

爱和悲悯,是我无垠的幸福 /198

我爱你的方式,就是想和你说很多很多的话 /204

209 第五章 爱生活的女人，都自带光芒

爱生活的女人，都自带光芒 /210
请温柔以待身边的亲人 /216
爱，比烟花寂寞 /221
生而为人，我愿你从此不再孤单 /228
你的生活态度，藏着你的幸福密码 /234
来不及认真地年轻，就选择认真地老去 /239
所有恶毒，都源于心里无爱 /244
意外和明天到来之前，我想好好爱你 /250
懂爱的女人，永远明白自己要什么 /255
努力奔走的姑娘，大都活成了女神的模样 /260

不要仰望别人，
你的幸福刚刚好

愿你眼底无离恨，我信人间有白头
姑娘，请不要随意安放自己的灵魂
彼此迁就的婚姻才幸福
婚姻里最可怕的不是贫穷
不要仰望别人，你的幸福刚刚好
靠自己，也靠男人
待悲伤老去，等幸福重来
你是我想要的温暖

第一章

愿你眼底无离恨，
我信人间有白头

江江是我的幼年好友，大学毕业后一直留在南方。

某天她发微信给我，说生孩子后又胖了，看来婚姻是一件很腻歪人的事，隔着语音，我听到婴儿的啼哭声，有如天籁。

她说："亲爱的，宝贝醒了，我挂了啊。"

我对着屏幕点点头，却在她手忙脚乱的现在感受到深深的幸福。

她28岁那年，才把自己匆匆嫁掉，嫁给老陈。那时，和她同龄的我们早已做了母亲，结婚的前夕，她告诉我并不爱老陈。

我点点头，知道她最爱的是乔一。

乔一是她的初恋，毕业后他们一起去了海南，在那个城市里过着平淡的小日子。在清幽湛蓝的沙滩上，情许三生。谁想，命运总让人猝不及防。许愿时说好的一生一世，可惜乔一在随她归家的高速路上，遇车祸离开了她。

她抱着他哭，泪水滂沱，甚至狠下心要随他而去。也曾在某个夜晚喝得酩酊大醉，沿着海岸线狂奔，被路过的好心人死死抱住，然后送回家。

厌倦浮世，她说迈克尔·杰克逊总一个人在午夜去骑旋转木马。一个人，午夜！像她的那段日子，不是一个人喝醉了，就是一个人喝疯了，只要不清醒，因为清醒，她的心就会痛！

她却在父母的泪眼里挺了过来。眼看一天天将自己熬成了老姑娘，父母亲自作主张，给她安排了一场场相亲。她烦透了，却又不忍面对他们的唉声叹气。那时老陈曾是她校园里的追求者，了解她所有的经历与过往。

她说，想结婚了；他说，好。

第二天，老陈捧着玫瑰花向她求婚，她只提了一个要求，可不可以与她重游天涯海角，告慰亡灵，回来就结婚？

当然可以。老陈重重地点头。

在海边，物是人非，那些过往像染了毒的箭，深深插进内心。还好身边又有了相伴的人。她告别了乔一，也践行了对老陈的诺言。当然，在父母眼里，老陈是一个很好的结婚对象，工作稳定、家世良好，关键是女儿终于同意嫁人了！

婚后，老陈对她是真的好，每天嘘寒问暖，能做的都做了，反倒是她永远一副温暾、淡漠的样子，不冗谈、不狂欢、不热闹。即使这样，老陈看起来也全是满足。

一年后，她在花朵肆意张扬的春天生了孩子，是剖宫产。没人知道她对麻药过敏。虽然紧急下也做了试验，却没料她是万分之一的过敏体质，嗜睡、呕吐、瘙痒，最后昏迷不醒，吓得在床边守护的老陈拼命地狂唤医生,又将刚从手术台下来的她推至重症监护室。

待她悠悠醒来,腹痛记起了新生的孩子,她想全家人一定都围在孩子身边吧。却听到医生对小护士说,去对家属说一声,他在外候了一天一夜哩。

小护士回来后,对她说:"姐,听说你醒了,哥哭得可伤心了。"她心头一动,一米八的大个子,怎么说哭就哭了?

渐渐康复,出院。

好在她年轻,恢复得快,孩子的状况也一切都好。某天深夜,娘俩正睡得熟,忽听枕边一连串的呼喊:"江江,江江。"

她仔细听来,原来是老陈梦呓。术后那几天,因怕麻药残存,再昏睡过去,医生交代他前几夜要间隔几个小时叫醒她一次,隔了这么久,他仍是心悸,心悸到连梦里都叫她的名字,想来那份害怕,比什么都来得重要。

她掉泪,为老陈。

突然感觉乔一已经离她那么远了,虽曾相约白头,却未等到暮年,人却没了。而现在她决定往事俱成红尘万丈,余生便只老陈一人了。

她告诉我,乔一走后,她常想起"若叫眼底无离恨,不信人间有白头"的诗句。后来才明白,一起许下约定的是乔一,陪她走向白头的却是老陈。这是老天另外的安排。

我想起三毛,她的爱情亦是如此。初恋情变后,终于遇到一个可以结婚的人,却因病突发于婚礼前夕离世。她怀着一颗千疮百孔的心再遇荷西,哭着说:"已经不完整的心了,你还是不要好了。"

荷西拉过她的手说:"我这边还有一颗,是黄金做的,把你的那颗拿过来,我们交换一下吧。"

年少时每每看到这一段,我总会疯狂地掉泪,为三毛,也为荷西。长大后才明白,你爱的人不一定能相守,爱你的人却一定要白头。虽然后来荷西早逝,但他的爱却一直一直在陪着三毛,就像逝去的乔一和现在的老陈。

小区里有一对夫妇,中年模样。还能看出年轻时男人帅气,女人美丽。只是晓得他们关系并不好,在外面见到永远都是清冷寡淡的样子,两人永远间隔两米的距离一前一后地走,偶尔经过也能从他家紧闭的门窗听到压低声音的争吵。

住久了,上空总会飘过一些闲言碎语,无非是男人在外做生意,经常不回家,外面有了红颜之类的话流出来,偶尔迎面看到女人红肿的眼睛和落寞的神情,很容易相信那些话的。再后来,因为早出晚归,我已经很久见不到他们了。

只是人生从来没有真正的结局,它的情节犹如电视剧,一集又一集。

有一天,我迎面撞见他们夫妻俩一同出门,只是男人坐在轮椅上,女人推着他。和他们打招呼后才知道男人某天半夜在卫生间跌倒,好好的人忽然就小脑充了血,在医院里躺了一段时间,生活仍不能自理。女人精心照料，又陪他复健，先是轮椅，再是拐杖，后来就看到由女人慢慢地搀着他走。

又一天下班归家，刚好经过附近公园，看到她搀他，慢慢走，脸上带着一抹恬淡，两人的背影被夕颜拉长，有光温柔地折射出他们的影子，四周很静，我远远地站着，看着，心里百感交集。

多年中，从未见过他们如此亲密，没想到一场突如其来的病，竟让他们嫌隙渐无，温情又重生。

真正的爱人，才会在对方狼狈无助时不离不弃吧。所谓的相濡以沫，就是这份陪伴吧。

多少人感慨，相爱的人不能在一起，不爱的人却在一起。却不知，浮世千变万化，能得到一颗心，又能相守至白首的，就是岁月在，你我都在。

姑娘，
请不要随意安放自己的灵魂

2012年7月，我决定去清迈。

对于清迈，我一直有种未知的期待。它像泰国北部的一朵玫瑰，在风里摇曳，我几乎是迫不及待地奔向它，陪我一起奔的，还有琳儿，我姐姐的孩子！

在首都的机场，熙攘的人群里，我几乎是一眼就找到了她。为了节省时间，她从帝都的某个格子间奔来，我从北方的小城飞来。看到她永远明媚到喜感的一张脸，简单的一件仔衣，和一个硕大的背包，我就笑了！

但是将我视线吸引的，是机场里的另一个女孩子，看起来不过20来岁。她长得玲珑清秀，身材凹凸有致，年纪轻轻却一身名牌，波西米亚的公主范长裙，精致的首饰，她臂弯上的LV甚是惹眼。

只是比她臂弯的LV更惹眼的是她身边的男人。此男看起来是个有钱的老者，有些像前些日子在网上高谈下一个小目标是一个亿的王健林，个头不高，上身穿黑色T恤，下身着白色西裤，虽然看起来苍老一些，却依然有款有型。

两个人不时地耳语，她时不时地扭着身子撒娇，他会顺势地抚摸她满满胶原蛋白的脸，或拍拍她的翘臀，很亲昵胶着的状态。看来是一对爷孙恋，即使在人来人往的首都机场，也依然刺目得很！

琳儿顺着我的目光说："小姨，这有什么稀奇的？现在流行这个啊！"听了，我竟有些无语。

"爷孙恋"明里暗里非常盛行，男人不论年龄有多大，一旦功成名就后，许多男人就换妻，似乎这是一种成功的标志，也是能力与本事的象征。而有的女孩因贪图不劳而获，很容易成为老少恋的主角。

很巧，我们与她同机，又飞往同一个目的地。

一路上听到那个老男人给家里打电话，也听到了小姑娘撒娇说××又出新品了，是限量版的。

他豪迈地应允，买买买，咱回去就买。更加证实了我的一些猜测。

到了清迈，顺利找到旅行社给我们预定在老城中心的酒店。当晚，我和琳儿在附近转了一圈，从寺庙晚祷的颂音里归来，迎面看到他们手牵手泡完经典的 SPA，听说又玩了夜市，女孩的手里拎着大包小包的战利品，看起来很嗨。

第二天一大早，我正嗅着苦楝树的味道，就听她嚷着老城太冷清了，今晚要住闹市中心的 UChiangMai 酒店。我想起夜间传来蟋蟀的歌声，对面"大塔"庙宇传来的细碎钟声，感受小城的精髓,享受这种避开了喧闹和几乎慢到静止的时光。

身边捧着彩芒的琳儿嘟囔道:"想去繁华地方,去罗马啊、巴黎啊、维也纳,清迈这种小地方只有灵魂感知的人才能感受到美好!"

看到琳撇着的唇,我了解在这个放弃家里安顿的安稳前程,不惜在外拼搏闯荡的独立女孩心里,那个她就是一堆垃圾,美则美矣,却毫无灵魂!

心里不由阵阵惋惜,一个女孩该怎样的无知与无谓才将青春刚好的自己,依附在这个老男人身上,并时刻待价而沽。

我知道,有的人从来没有真正的开始和选择,生命就已经终结了。

我曾经参加过一个特殊的婚礼,而所谓的特殊,除了新娘是我的好友,新郎是我另一个好友的父亲,还有他们之间相差那二十多年的岁月。

并不是"君生我未生"的婉约,也没有"我生君已老"的惆怅,只是菟丝花攀附藤蔓的悲剧。

那时,我们三人是好友,好到无话不谈。

我们仨,三种家境,小 A 的父亲是搞工程的,那几年基建、房地产正兴隆。因为他的头脑活络,为人精明,再加上有一定的人脉与资金,几栋楼盖下来,很快他们家已成了当地首富。小 B 是城郊的孩子,亲人都是农民,偏偏她生得好看,一双眼睛水灵灵、雾蒙蒙,有种欲语还休让人看了欲罢不能的怜惜。只有我是工薪家庭的孩子，奇怪的是我们成了好友。

高中毕业后，她俩上了同一所城市的大学，只有我留在了当地。

当年的小B家境困难，小A的父亲在女儿的哀求下资助了她，她自然是万分感激。小A的父亲时常趁着出差接工程的空当，飞到北方的那座城市看她们两个，带的礼物自然而然是一样的。闲时带着她们徜徉在北京的后海，感受三里屯的星巴克，或者在长安街熙攘的街头漫步。

那时，我羡慕她们。

某天深夜，我接到小A的电话，带着呜咽，我一惊，才明白，小B早和她的父亲明修栈道，暗度陈仓了。

很简单，她的母亲发现老公最近频繁地出入女儿的那座城市，并发现他包里一叠住宿酒店的票据。问小A，女儿却茫然不知，她联想到最近小B忙得很，身上的衣服却越来越高档，包括新买的铂金项链和各种名牌的包包，连同宿舍的姑娘都说小B发了！

质问下，小B居然承认了。

她说，对不起，前些日子妈妈做了手术，叔叔知道后掏了一笔钱，而我这些年能回馈叔叔的似乎只有我自己。

那你就勾引我爸？小A怒到极点。

友情决裂，小B也曾对着小A发誓离开他，但是禁不住一个成熟男人的甜言蜜语，当然，她仍依赖他的金钱。分分合合，很快她们的事情传遍了小城。

因为小B一直和小A父亲在一起，毕业后小A赌气去了一座沿海的城市，叔叔迫切地想抓住小B的青春，而小B因承蒙他太多的恩情过度地依赖他，居然愚昧到和他公然在外面租了房子同居。小A的母亲是个守旧的女人，为了捍卫婚姻一次次地捉奸辱骂。

骂久了，小B就理所当然地开始争了，要名分要金钱要地位。僵持了两年，在她第三次怀孕后，眼看结婚无望，她选择了以死相逼，用两条人命换来了一纸婚约。

这一路走来，从她伸出欲望的触角那一刻起，除了短暂地享受了对方物质带来的愉悦，处处充满了绝望、暴力、疼、死、恨的字眼，她带着耻辱，走过了短暂的青春，日夜兼程，又湍流不息。

没有朋友，没有亲人，没有支持者！

我参加了她的婚礼，女儿缺席，好友缺席，亲友们聚在一起窃窃私语。

婚礼结束后，我抱抱新娘，在她耳边轻轻地说，希望你能幸福！

我看到她的眼圈刷地红了。她说，其实我早就后悔了，如果当时不是一念之差，我走不到如今境地！

我记得，有一句话叫，免费的东西是最贵的。因为做生意的人都知道只有买亏，没有卖亏，看似占了别人的便宜，实则被占了便宜的是自己，年轻的身体和心，还有一辈子看不到希望的人生。但看到她红肿着双眼披着嫁衣站在那儿，我什么也说不出口。

我无法指责好友父亲的"乘人之危",男人难保不在帮助她的时候半路变了质,面对青春可人的姑娘设置诱惑,拼命朝她心底钻,像一条蚂蟥,看似满足了她的私心与虚荣,却也蛀空了她的灵魂。而她因为穷,迷惑在一个成熟男人的表面,掀开面纱后的生活残忍而悲凉,不堪一击。那本来就建立在青春和美丽的海市蜃楼,在岁月里轰然倒塌。

人生之路,本来就没有捷径可走。

而喊着女性独立的女人,想过优越的生活,却又总想不劳而获。面对大叔的多金与温润如玉,年轻的心怦怦乱跳,分分钟沦陷,却忘了那是别人家的男人。他们的沉稳多金,是身后的女人陪着跌了无数的跟头换来的,他的进可解衣扣,退可懂人心,说话的滴水不漏,遇事的宠辱不惊,虽能满足一个女孩子对男人的全部想象与期盼,却也是阅人无数后的累积。

老男人爱萝莉,是肉体鲜嫩,灵魂单纯;而少女爱大叔,却是一种无知的迷恋,迷恋他的钱与魅力,却不知他能给你的,自己也可以给,他给不了,你仍可以给自己。

在红颜刚好时,挑一个善良、上进的少年,陪他成长,打磨青涩,雕刻他的未知,远远比直接找一个已经变得优秀的男人来得更高贵从容。好的爱情,需要旗鼓相当,也要势均力敌。

能同甘,能共苦,才能有朝有暮。

所以,无论你选择哪种独一无二的生活,桀骜的、彪悍的都好,只是姑娘,请不要随意地安放自己的灵魂。

彼此迁就的婚姻
才幸福

连续下了一周的雨,让曾经弥漫整座城的桂花香,慢慢地淡了下去。

这样的天气适合整理旧事,刚好有同学约我去拜访中学时期的老师。多年过去,老师依然气宇轩昂,只是看到他的一头乌发已经银白,心里很惆怅:谁能和时间抗衡?

中午,老师留我们几个吃饭。

作为唯一的女同学,我主动到厨房给师母打下手。她准备的菜肴很丰盛,其中有两种菜师母准备了两份,一盘是茭白肉丝,一盘是熘肝尖。见我不解,她笑着解释:"你们老师是南方人,就好糖醋这口,所以他喜欢的菜,今天我都另外备了一份。一种糖醋,另一种用尖椒爆炒留给咱们吃。"

"哦,那你们平时吃饭以哪种口味为主?"我知道师母是地道的北方人,无辣不欢。

她说:"这不一定,不过多数都以他的口味做饭。我胃口好,怎样都行,南方人的嘴儿刁。"她朝客厅看看,压低了音量,嘴角带着一丝宠溺。

"师母真好,要是我就做不到。"我由衷地称赞。

她说:"年轻时大都不懂得迁就,刚结婚时也曾因为一盘菜是放糖还是辣椒和他闹得不可开交,后来他摔门而去。哭完后我寻思生活还得继续啊,两人必须有一个学会让步,就重新做了一份放在桌上,他回来看见了也不好意思,主动和我道了歉。不过,你老师除了好吃些,其他都好。"

在师母的絮叨中,我得知她年轻时觉轻,有点动静就休息不好,而老师只要一沾酒就打呼噜。那时他们经济条件不好,没有多余的房间分开住。有一次老师喝了酒鼾声如雷,师母一夜未眠,第二天头重脚轻地下楼梯,不小心踩空扭了脚,老师内疚极了,从此以后滴酒不沾,只怕影响了她的休息。

师母海鲜过敏,闻不得腥气,他那么喜欢吃海鲜,却从不在家里吃,实在想了,就到外面的小酒馆要个黄花鱼解个馋。

我感慨万千。这世间所有看似完美的婚姻,都不过是里面的两个聪明人懂得彼此迁就罢了。

有多少人在年少时轻狂,不懂迁就,时常因固执而进行争吵和冷战,浪费了好多可以珍惜的旧时光。其实,回头想想,那些争吵都是鸡毛蒜皮:今天凭什么给孩子穿这么多?晚归为什么不打电话?为什么对我妈不好?……

争来吵去,无妄地浪费了精力,又伤了感情。

有一位离婚的女人在得知前任再婚万分感慨,听说他再婚后很幸福更是睁大了眼睛,连说不可能。

她说,你们只看到了他在外面的风流倜傥,没见过他在家里的模样,他吃饭喜欢吧唧嘴,在家里将脏袜子扔得到处都是,应酬回来不洗澡就上床,喜欢用手抠脚丫,随地吐痰,我吃饭的时候,他在一边剪指甲……

有人问:"那你呢?"

"我就和他吵,结婚十五年,我改造了他十五年,结果还是失败了。"

后来,又有人问他现任的妻子,他有没有什么坏习惯啊?

她说,有啊,吃饭时爱吧唧嘴,喜欢将脏袜子扔得到处都是,喜欢用手抠脚,喜欢随地吐痰……

那你和他吵吗?

干吗吵呢?男人爱吧唧嘴很正常,脏袜子跟在后面收拾就好了,喜欢吐痰我就在家里角落放了很多的垃圾桶。再说了,比起他的优点,这些小缺点实在不算什么。

他有什么优点?想起前妻评价他的一无是处,问的人有几分疑虑。

他很节俭啊,从不乱花钱,又有责任心,无论我多晚回家都会接我,他还很孝敬我的父母,时常主动提醒我去探望。

后来,有人将这些对话告诉他的前妻。

她沉默后说,嗯,他是有很多优点,只是那时我们每天吵,吵到看不到对方的优点了。至于后来为什么吵都忘了。现在想想,那时怎么就学不会迁就和容忍呢?

迁就和容忍,是婚姻里的一种智慧。

很多人试图在婚姻里征服对方,却忘了改变自己,那些懂得很多道理,却依然过不好这一生的人,都因为过于主观,唯我独尊,不懂迁就,包括对自己的爱人。

似乎每一个婚姻不幸的人都有各种理由:他不够体贴,他舍不得为我花钱,他对我的父母不好,他太花心……

即使这样抱怨,也并非所有人都愿意离婚。因为婚姻带来嫌隙,带来争吵,却也给了自己一个家,那种安全感是别的关系没有的,所以没人轻易愿意离开它,却又因为自私而无力改变婚姻里暗藏的各种矛盾。

但仍有很多聪明人过得幸福自在,就因为他们懂得在婚姻里迁就对方,维护情感。

日子无论你怎么过,它都是一辈子。

这句话,是我在菜市场听一位卖菜的大姐说的。

我算是熟客,点点头,听到她向邻边摊位抱怨爱人如何脾气不好,又嗜酒如命,一点小事就暴跳如雷,儿女们都很怕他,家庭氛围并不好,听起来她受了半辈子的委屈。

对方开玩笑,那你为什么不离婚?

她反问:"我为什么要离婚?谁家不这样?我男人不嫖不赌,那点小毛病我受得了。他每天那么辛苦地挣钱,很不容易的,再说了,日子和谁过不都是一辈子?"大姐带着四川口音,眉梢眼底尽是了然,或许她只是习惯抱怨一下,打发郁闷而已,比起那些隐忍的黑洞明媚多了。

说不定她的内心像脚边水灵灵的青菜一样鲜活。

看来每段婚姻里,都需要一个愿意迁就的人。

要知道好的夫妻关系离不开尊重、信任、宽容和迁就,你想活得草木皆兵或两情相悦,都取决于自己,而一段婚姻,合适比爱长久,懂得比爱重要,迁就比爱完美。

没有完美的人,更没有完美的婚姻。

它像一座私人花园,不用心经营,就会杂草丛生,一片荒芜;如果耐心呵护与耕耘,那么园内必定花草繁茂,四季明媚。

相爱时,都想一辈子;迁就了,才能一辈子。

婚姻里最可怕的
不是贫穷

一

半个月前，小区的门前新开了一家陕西凉皮小店。一对90后的小夫妻，一看就是城郊的孩子学了手艺来城里谋生的，朴实勤快又相亲相爱。小店里包罗了米线、凉皮、菜煎饼，因为是新开的店，很干净，所以开张才几天生意就很兴隆。

上下班路过，总能听到女孩甜甜地招呼客人，偶尔隔了很远还能听到小两口的打趣，探头看过去，两张脸贴着纸条儿，手里握着一把纸牌，见行人诧异的样子，女孩笑了："还没到饭点，我俩在玩牌呢。"

摸着脸上的纸条儿，她自己先笑弯了腰。

女孩很开朗活泼，对客人迎来送往、收钱都是她的活，小嘴甜甜，小手勤快，男孩则安静地站在柜台里下米线、调凉皮，黄瓜丝切得细细的，小夫妻俩配合起来张弛有度。

那些天，水瓶先生外地出差，懒得做饭的我就多光顾了几次。

刚走到门外，我就听到女孩笑着说："这几天生意顺风顺水的，你要请我吃顿好的。"扬起的脸一副傲娇的样子。

男孩说："好，随便点，爷成全你。"

"小样，一顿饭便宜你了。"女孩白了他一眼，看到有客人进门，高兴地去干活去了。

男孩笑着低下头，手里切菜的力道加大，叮当作响。小店有些局促，似乎盈不下这一屋子的快乐。

有人说，这一生选的配偶很重要，他（她）的生活态度决定了你一生是否幸福。其实，自己也很重要，配偶再好，若不懂珍惜互补，任何幸福也不会长久！

二

以前的清远街有一家花木店，品种繁多，花木扶摇，闲时我最喜欢逛了。女主人娴静温柔，长相年轻，男主人风趣幽默，有时进了店，夫妻俩要么头靠头在吃一份快餐，要么就是男主人在替盆栽换土清根，女主人擦拭着那些瓶瓶罐罐，男人偶尔调笑一两句，就引得她哧哧地笑着。

看着她脸上不染风霜的模样，我记起布雷顿说过，世上没有比快乐更能使人美丽的化妆品了。

熟悉后才知道，当初女人年轻时的条件很是优越，漂亮的城里姑娘，追她的人比男人条件好的多了去了，但她坚信自己的选择。女人也因为他家里的穷和父母抗争过，过程艰辛苦涩，但她坚持他能给自己带来快乐。

她说最初是真穷，没有钱和手艺，贩卖过水果和蔬菜，倒腾过海鲜。积攒了一些本钱后，决定开个小花店。谨慎地从最普通的草花养起，推着三轮车沿街等着买主，到租起店面，一步步艰辛不堪回首，但是无论多劳累多无助，男人的体贴打趣总让她压力全无。

后来我搬家了，光顾得没那么频繁了，心中却惦记那家花店的轻灵和笑声。有一次经过，看到门面在扩大装修，好奇地走进去，花草依旧葳蕤，女人依然安静，男人依旧忙碌。认出是熟客，他热情地招呼，说店面扩大了。

我打趣道，那说明生意好啊，钱挣得多了。

他不好意思地说，小本买卖，小本买卖。眉眼里却明显地带着自豪与精气神。

有时就是这样，夫妻恩爱了，连财神也会光顾他们，因为带着爱的力量做事，成功总是最轻松的。

多少人埋怨生活不理想是因为"贫贱夫妻百事哀"，把怨气发在伴侣身上，语言尖酸刻薄，行为乖张愤怒，导致战火纷飞，鸡飞狗跳，大人怨孩子哭，永无宁日。却忘了感情需要婚前努力选择，婚后努力经营。

婚姻里的贫穷是个很可怕的东西，它能让一个男人没有尊严，让女人失去美丽。

刚在一起的两个人，觉得穷不可怕，有感情就行，却在承诺过后渐渐将玫瑰在日子里变得苍白，曾经的一抹亮色也不复存在。

有男人怪现在的女孩太势利，王宝强婚变后，我曾在某群里看到一些直男幸灾乐祸："瞧，爱上金钱的女人都不是好东西吧？拜金的女人该死，虚荣的女人该死，现实的女人更该死。给了她钱，她还欺骗了你。"

没有道德的伴侣是可恨。只是他却忘了，如果你没有钱，没有爱，再给不了对方快乐，任何女人跟了你都会后悔的！

三

我曾见过一个女孩，男友是比她高一届的学长，除了性格有些阴郁，各方面条件都还不错。早一年毕业的他热衷跳槽，直到女孩毕业了他也没找到合适的工作。倒不是能力有问题，而是他眼高手低，好高骛远，满身的颓废和戾气。后来嫌弃一线城市求生太苦回了家乡，在亲戚安排下进了一家单位，本以为好日子从此开始，却依然没有任何改变。

恋爱一旦落到实处，各种矛盾就显现出来了。当初吸引她的阴郁的个性也开始使两人不再合拍。毕业后女孩留在了省城找了工作，开始了和他的异地恋。女孩很努力，努力赚钱养自己，养爱情。说到养爱情，就是将赚的钱大把地浪费在两地往返的交通费上,每次见他却永远一副抱怨的样子,说小城的人生太平凡,人际太复杂,女孩劝他重回省城一起打拼,他却说那样的生活太累。

终于,在N次劝他为前程考虑(所谓前程无非就是以后在哪安家买房),他却怒了,骂女孩俗气拜金后,女孩一怒提出分手。

女孩甩给他一段话:"你穷我不怕,我怕你不止人格穷,精神还low,我们两个大学生完全可以靠努力过上好日子,但你没有斗志,和你在一起我看不到希望,我不快乐,不快乐,懂吗?"

女孩后来说:"真的,穷我不怕,我怕他身上那股酸腐气,永远地抱怨,让我过早地失去了快乐。"因为所有的幸福完整,都需要共同努力!

四

生活里,并不是所有女人都像莫泊桑笔下的玛蒂尔德一样,时不时抱怨自己时运不济,每天活在唉声叹气里,将所有的悲剧根源,都归结于自己的男人没用,埋怨自己最初选择的错误。

朋友圈里曾经疯转一篇《不和穷人谈恋爱》,里面的一种价值观很容易让人跟风,某些地方写得深入人心,却也难免误导了一些爱情。

并不是所有穷人都不能嫁,当然也不是所有穷男人都能给女人带来快乐,你要明白到底是穷的那个人不思进取,还是你自己的欲壑难平？

俯身山水阔，有爱天地宽。

很多人分不清什么叫幸福，什么叫快乐，也不明白它们不是由穷富带来的。

都是饮食男女，也都是成年人，用男人的大智慧，女人的小心机，带给对方真正的宽容、理解、安慰，学会承载与爱，我想无论嫁给谁，都会获得满满的幸福！

不要仰望别人，
你的幸福刚刚好

生活，一旦落实到烟火，总会处处留有遗憾。

出于一种隐隐的感知，再读王安忆的《流逝》，我看到那位资本家的少奶奶在一直很享受金钱带来的快乐时，"文革"来了。于是房封了，家抄了，从天堂落进了地狱。提心吊胆里，她很羡慕弄堂里清白人家的踏实，平稳，哪怕一碗白粥果腹，却是一种平实。

弹指间，政策落实，一家人又从地狱回了天堂，又在别人的艳羡中恢复了过去的奢侈。

繁华半生，磨难半生。

她反而留恋经历过的清苦，重新有钱的感觉像梦，让她在荣华里退到过去传统为她织就的牢笼，只有那段时光才让她懂得什么才是真正的生活。

她留恋悄悄更替和飞逝的日子，也早在颠沛流离中变得坚强，温顺变泼辣，懒散变勤快。

故事最触动我的，不是她的坚强，而是她悟出了生活最简单和真实的目的——吃饭，穿衣，睡觉。

这种了悟有些残忍，却来得实在。

遗憾吗？

不，很多人拥有简单的幸福却视而不见，心里无喜，总絮叨不已，却不知我们眼中的平凡，是在世俗里起承转合来体会一生的琐碎而已，它有粗茶淡饭，有委屈泪流。

我表妹对生活的领悟，是家里的保姆教会的。

她刚怀了二胎，婆婆却患了小脑萎缩自顾无暇，没办法，请了个乡下的阿姨。

阿姨很能干，带着乡下人的纯朴和拘谨。

那时，表妹的大女儿刚过完3岁生日，还离不开妈妈，处处黏着要她，表妹因为自己要保胎又辞了职，加上孕吐严重，心情恶劣极了，比起刚结婚怀了第一胎的众星捧月，难免心理有些失衡，开始后悔要第二个孩子，对老公的态度也开始喜怒无常。

某天因为她老公要出差一周，她不让去，两人发生了争执，又哭又闹，表妹一生气将果盘砸了，说，这不是我想要的生活，也不是我想要的孩子。

老公啼笑皆非，骂了她一句，你有病吧？

你才有病。

结果隔天到医院产检，她真的病了，产前抑郁，虽是轻度，却让她有了恃病而骄的轻狂，整天嚷着不要这个孩子了，吓得老公天天守在身边，哄着骗着。

某天，她又因小事情绪发作，老公面对大腹便便的她手足无措。一旁正在做家务的阿姨轻巧巧地说："你们城里的女人可真是好命，孩子还没生就在家里好吃好喝地养着，情绪不好还会抑郁，想着我怀孕8个月时，还下地干活呢……"

表妹听了，没说什么，犯不着和一个阿姨较劲吧？那也太显得没素质了。

隔天中午，她让阿姨将茶几上烂掉的水果扔了，阿姨应着。她午睡后到厨房倒水喝，却看到阿姨正一点点削掉水果上烂的地方，即使只剩下四分之一，她也认真地吃掉了，表妹有几分不理解，因为自己从未限制过她吃家里的好水果。

阿姨听到动静，抬起头自然地说："扔了太可惜。这么好的水果家里见不到的。"

表妹后来告诉我，这件事对她内心触动很大：一直在优越的环境中成长，很幸福，老公事业有成，女儿天真可爱，婆婆生病前对自己照顾那么好，曾经视而不见的理所当然原来是别人遥不可及的幸福，自己又有什么理由作呢？

我说，一个阿姨教你长大了，真好。

却仍有很少人不经意那些庸常的羡慕，一旦别人靠近，才知道自己曾拥有什么。那份稳定是根基粗壮、伟岸高耸的树，让我们伸出的新鲜枝丫，每一寸都有丰盛的养分和充盈的光，却有多少人忽视掉庸常的幸福呢？

女友有一段时间因为心情过于压抑选择短暂逃离城市。她请了长假,背上行囊,开始了虚度时光。

临行前,她说只想寻一处能将心安放的地方。

她到了重庆,过了成都,绕了北京,又去了西安,后来不知怎么寻到浙江,在南方的山中小镇上,因连日的奔波与心头的郁结,她病了,在六月的山里盖着厚棉被还觉得清冷,心情一度无助到绝望。

某天清晨,她走在山间的青石板上,湿漉漉的空气让她舒服多了。

偶遇到一位赶早的阿婆背着背篓牵着孩子,在路边摆出山核桃、野浆果。看着那些山果还带着露珠的新鲜模样,她满心欢喜。挑了一些果子后她才发现身上除了一串木饰挂件和记录灵感的小本子,未带分文。

那个孩子却惊喜地看着她手里的本子和笔,把一整篮的山核桃推到她手边说,这就够了。

女友说超市里一小包野山核桃要卖好几十块钱一包,我怎忍心要一老一小冒着危险采来的果实?好在她住的客栈不远。

她说,你们等等,我去了再来。

她很快跑回客栈拿了钱,又拿了一些她自认为小孩子一定喜欢的读物及小挂件。

祖孙俩不断地说够了,却执意不收钱只换物。女友用她的书、本子和小零碎换了山核桃。祖母一个劲地说,真好,能换到这些东西。我娃想要这些可是要翻过一座山的。

她看到那个孩子的眼里闪着对外面世界的渴望与向往。

女友心里一动，泪盈于睫，自己万念俱灰下厌倦的红尘，却是有些人渴望不及的，虽然他不懂红尘外有很多人羡慕山间的原生态。女友也羞于承认自己和那些人一样，内心虽向往宁静，却依然离不开城市里浮夸变形的热闹。

她说，那一刻，我忽然不再烦躁与疲惫了，生活给了不堪，毕竟也带来了富足稳定。所有的狼狈、挣扎、软弱、浮躁，在回归原始的那一刻，还能看到希望、清醒、意志与勇气。

幸福，总需要像电影里定格的一个慢镜头，才能留住浪漫和希望。

它既不是拥有，也无法比较，就像有人锦衣玉食，有钱有闲却不幸福；有人虽然清贫无依，却在心境踏实平和中体会了满满的幸福。

其实，就这样足够了。

就像几米说的："一个人总是仰望和羡慕别人的幸福，一回头才发现自己正被仰望和羡慕。"虽然身处的平淡可能是平日被自己视为一潭毫无波澜、臭气熏天的腐水，它也是幸福。

靠自己，
也靠男人

我和晓晓约了逛街。

在约定的地方等了她近半小时还没到，伸长了脖子，好不容易才看到她姗姗来迟，刚想对她发飙，却发现她的身后跟着个亦步亦趋的小女孩，是她6岁的女儿。

带孩子逛街？

我瞪大眼睛看她，她不好意思地解释，婆婆回乡下走亲戚了，只好自己带了，本来想取消咱们约会的，但想想好久没在一起了，干脆把她一块儿带出来了。

我看着自己的平底鞋，本来想转个几公里地，听她这么说，心软了，用眼神示意走起！

可想而知，逛街跟着个拖油瓶是个什么感觉？

走了几步，妈妈，要嘘嘘。再走几步，妈妈，累了，要抱抱！我们两个人轮番上阵，要知道，6岁的娃已经很沉了，我已很久没有抱娃的经验了，只一会儿就累得不行，索性两个人找了地方喝茶闲聊，由着她在座位上下闹腾！

我说:"你老公呢?他就不能带一天孩子啊?"

"他哪行,再说了,他带,我也不放心!"

我哼了一下:"别人家的爸爸都能带娃,你家的为什么不能?"

她叹了一口气:"这些年我们一直和婆婆生活在一起,我也懒得使唤他,带个孩子不是磕了就是碰了,要么就是烦了,他更乐得甩手做掌柜!"

我想起那个无所不能、花见花开的贝克汉姆,曾以一己之力将英格兰送入世界杯决赛圈,成了英雄。

"风吹雨成花,时间追不上白马……"一晃那个高颜值的英雄早已成了几个孩子的父亲了,被记者街拍的他永远是牵儿子抱女儿,身后还背着个棒球包。

夫人维多利亚依然美艳如花地傍在一边。

我想世界上那么多疯狂的女人除了喜欢他在赛场上的叱咤风云,喜欢得更多的就是他用心的爱情了。不用嘴,只用心,爱情里有了心疼,那就是牵着骨头连着筋了,那就是血水相连了!

《教父》里有一句经典台词:"不顾家庭的男人根本算不上是一个真正的男人。"而真正顾家的男人是有责任心的,他会宠老婆、爱孩子的!

有人说,最让女人神往的婚姻莫过于"我负责赚钱养家,你负责貌美如花";最让男人刷优越感的婚姻:"男主外,女主内。"而最平等的婚姻莫过于:"在外职场各占一半,回家事务共同承担，我做饭，你洗碗，我拖地，你带孩子……"

这样才能感觉那是共同的家，如果家里永远只有一个人在努力，就出现问题了。

现在的职场社会，很多女人同样顶着半边天，回到家却依然做家务，晓晓就是这样的，所幸她的婆婆还能帮助她，如果婆婆不在家，她就会手忙脚乱，有时照顾完孩子上学，顾不上自己吃早饭，她老公却永远只顾自己穿得西装革履地去上班，下了班就躺在那儿刷手机。

有一次我到她家去，看到她正踩在人字梯上换水晶灯的灯泡，她的女儿欢快地给我开了门，我跑过去扶着梯子问，你老公呢？

出去玩啦！

我彻底无语了！

如果一个男人真的在外面拼死拼活地为了这个家，情有可原，如果是吃喝玩乐，真能让女人的心荒芜起来，无边无际的那种荒，会像孩子一样反复问自己，我就这样过了一生吗？

看过一个微电影，主人公是一个单亲妈妈，感情的创伤让她在外面始终背着一个硬硬的壳，在公司以冷漠视人，看起来独立，甚至带有一丝刻薄，拒绝了很多靠近她的人，同事们都远离她。每天晚上回到家的她，抱着女儿柔软的小身体，寂寞与无助像蛇一样撕咬她的内心。

后来，有一个暗恋她的男人执着地靠近她，不顾她的拒绝与冷漠，每天用阳光的笑容与温柔的宽厚走进她及女儿的生活。

慢慢地，她像一块被融化的冰，开始爱笑，主动示好。在被他感动得大哭一场后，她呜咽着说："我终于有了依靠的人了！"我看了忍不住黯然泪下。

电影七分钟，很短，却触动人心。

它告诉我们再坚强的女人都想身边有一个能依靠的男人，供自己软弱一会儿，撒撒娇、耍耍赖，甚至刁蛮无理一下，都是可以的。

就像张小娴说的，我赞成女人要依靠自己，但是如果她想依靠男人，也不是什么罪大恶极的事。因为最好的生活方式，就是我喜欢依靠自己的时候依靠自己，我喜欢依靠男人的时候就依靠男人。

我心疼那些过度独立的女人，想哭的时候连个肩膀靠一下都没有。更讨厌那些过度依靠男人的女人，不仅在物质上，精神上也是空虚寂寞冷，每天碌碌度日，一旦老公在事业上发展良好，必定美美地回家相夫教子，可时间久了，却又在男人的成功与疏离里缺乏一种安全感。

才女洪晃有一句经典名言："我从不依赖男人，但我需要男人！"

需要就是我在厨房做饭，你必定在客厅里看娃，我说累了，你能让我靠一靠，在你面前我可以有起床气，可以闹，可以哭，可以吼！

让我知道，你是一个能依靠的人！

一个女人检验幸福的标准，从来不是事业的成功与学历的高低，也不是长得多么漂亮，而是成功婚姻带来的认可、尊重、体贴和理解。

晓晓经常对我说一句话，如果一段感情让你疲惫与累，还不如结束，因为真正的爱人，根本不会让女人有这种感觉。

好的感情，只有互赢的局面才会持久。

而对女人来说，有个人依靠，是一件幸福的事，她们渴望被照顾，被心疼，被爱，喜欢那种知道你爱我，会让我更爱自己的感觉。

所以，我想依靠你，在最接近你心脏的地方！

待悲伤老去，
等幸福重来

我喜欢有些暗的黄昏，比如此时天边正酝酿暴雨，暗云缱绻，在风里翻滚。

天慢慢黑下来，我在听一种"埙"的乐器，分外蚀骨。手边有一杯黑咖啡，香气弥漫上来，带着心事的香，叮，有短信来，"亲爱的，孩子身体终于有了反应。"

又叮了一下："我很幸福，现在。"

我的眼眶很快湿了，回了句"感同身受，祝福！"我懂，那种苦尽甘来，不亚于重获自由。我将黑咖啡换成芝华士，因为咖啡不解瘾，举杯为她遥祝。

三年前，她才4岁的孩子，查出了"Myastheniagravis"的病，俗称"肌无力"。这和《过把瘾》里方言一样的病，突然真切地发生在一个孩子身上，让所有人都无法接受。医生说先是复视、眼睑下垂，肌肉慢慢坏死，且暂无良方。痛苦拉开序幕，继而让她手足无措的是丈夫的反应，一米八的大男人每天啜泣、忧虑、感到无助，一次次哽咽地问她，怎么办？怎么办？

女子本弱，为母才强。

哭尽，她很快收敛哀伤，收拾行李请了假，带着儿子一路辗转帝都、上海、南京各地，最后确定了治疗方案，又预约了下一次的疗程，与劫难斗争，一年两次往返蹉跎。她说夏天还好，如逢隆冬，薄雪覆地、流岚冷寂，还有看不到希望的心缩成一团。

奔波无数，两年后，孩子的左手依然无力地垂在一侧，亲友们都劝她尽心就算了，调整好身体准备再生个孩子吧。她置若罔闻，依然带着孩子往返治疗，后来所喜通过一种介入的方式将生物细胞输入肌肉，虽治疗痛苦却因为病体年幼，症状一点点减轻。

现在孩子慢慢好转，全家人在她的向心力下，挽狂澜于既倒，扶大厦之将倾，与久违的幸福慢慢亲吻。

后来她说，我以为老公能撑起一片天，哪料到他瞬间瓦解，一个家里，必须有主心骨，如果他做不了，那我就做那个拿主意的人。

在生活重压下存活的人，根本没有夸张痛苦的习惯，那些揪心的经历和折磨淡淡地说出，只剩了浅浅的痛。

同样的女人，还有过去的一位旧邻。那时我们同住一个院子，男主人在外做生意，女主人是位医生，我母亲的同事。她是南方人，长得好看，有北方女子所缺失的温柔，举手投足，妙趣盎然，那时他家的生意甚好，就连孩子的穿戴也比我们好看。

只是，这世间最难预料的是明天。

一夜之间，同叔叔合作的老板面临倒闭卷款而逃，将她们家陷入绝地。听大人说，除了投资，还有没收回的款，那是双重的债务。叔叔很快白了头，那时收入都不高，因为平日他家的生活比较光鲜，难免在遭难时被有些看不过眼的邻居指点。

世态炎凉，家里很快挤满了要债的人，院子也围满了看热闹的人。

她承诺还钱，工资除了一家人的生活费，全还债了。负债的家庭，两个长身体的孩子，加上一个颓废的男主人。她咬着牙，一反平日柔弱，缩衣省食，到菜场买特价菜，将门前的木香、茉莉连根拔掉，开辟成小菜园，孩子身上不见新衣却依然干净，就连破洞她也能绣出一朵花来。

怨而不怒，哀而不伤。

那时，母亲说阿姨常在半夜哭，她最柔弱的地方，只留给自己看；溃烂的伤口，等待悄悄愈合，白天依然挂着浅浅的笑。

她的难过，说到底，都是因为钱。

有人说谈钱很俗，但没有钱在困境中更俗。

偶尔听到叔叔说，这段时间你真是不容易。

她说，再不容易也要笑着活下去，已经被生活作践了，就不能再作践自己了。

后来常在电视剧里，看到那些受尽磨难却乐观向上的女人，我总想起她，和她脸上的笑，坚强美好。

浓黑后的天，必然再度明亮。

多年后再见，她已成了老人，时常在街头的公园见她安逸踱步。听说孩子们都有了出息又孝顺，现在早不再缺钱了，也有了大把的时间，人好似老了，但她脸颊的微笑仍在，在夕阳的光芒下依旧灿烂。

这漫长的一生中，总会有各种猝不及防造访我们的生活，有人在岁月里凌迟自己，失去希望，而她却在痛苦中涅槃成长。

前一阵子，皮特与朱莉的婚姻告终，有人又将《老友记》里的瑞秋挖了出来。她是瑞秋，落跑的新娘，也是皮特的前妻安妮斯顿。

这个8岁就遭遇父母离婚的女孩，年少时最喜欢的是将自己关在小木屋与世隔绝。孤独中画画成了她的最爱。仅仅11岁，她的作品就陈列在纽约大都会博物馆，但她最爱的是演戏。

她曾夜以继日地试镜、接片、潦草地露个脸，成绩平平，除了收入微薄的舞台剧能维持夜校的心理学课程，她又在餐厅里半工半读，日子过得艰难。

还好，在《老友记》里那个金发碧眼、婚纱及地的女孩跌跌撞撞闯入中央公园的咖啡馆时，让全世界的人都记住了她，也将好莱坞最性感的男星布拉德·皮特送到了她的身边。

那时，他们是真的相爱。

她愿意为皮特做一辈子的奶昔，皮特说，在你在十步之内，我就能感受得到幸福。可男人就是男人，他爱食青蔬的爽口，也惦念肉质的痛快。

结婚四年后，皮特爱上了那个和他一起拍《史密斯夫妇》的朱莉。那时的朱莉是个带有抽烟、嗜酒、吸毒、文身、性虐各种标签的坏女孩,却美丽,镜头外的皮特对她没有任何免疫力。

从此,她转身,一别两宽。

安妮斯顿退出了两人共同创办的影视公司,打掉了他们的孩子,一度被外媒贴上"苦情前妻"的标签。更痛苦的是媒体时常将她的失意和朱莉的高调一次次进行PK,人生一度薄凉又举步维艰。

甚至在一档节目里,咄咄逼人的主持人问她,你和皮特还说话吗?

她反击,你和你的前妻还说话吗?

主持人无语,她的机智令世人称赞,也令世人看到了她终于一步步活出自我:她开了影视公司,做制片人和导演,上市了自己多个香水品牌。

她经历了很多女人都有的脆弱,却活成了自己最喜欢的样子,美丽骄傲。46岁,嫁给了爱她的男人——贾斯汀。隔年当选了"全球最美女性",她活成了时光深处的优雅。

写着她的故事,我想起木心的一句话:"一个人到世界上来,来做什么?爱最好听的、最好看的、最好吃的。"

所以无论生活有多炎凉,有多少苦难与离殇,如今的年华,已开始有情有义,又足够温暖了。

很多时候生活坏到一定程度就会自动好起来,因为它无法更坏,努力过后,才知道许多事情,坚持一下,就过来了!有时岁月里无法安放的不是身体,而是一缕不能知足的灵魂。

而好的灵魂能在爱的循环里快乐地传递下去。

此时,我把酒言欢,一个人喝到薄醉,脸上有了绯红,烧起来,我推开窗,去迎接十七楼窗外的大雨,为她清泪释怀。

你是
我想要的温暖

有人说，因为世间女子爱听甜言蜜语，才练就了男人的嘴皮子。因为好话对于女人来说根本就没有任何免疫力。

而有些男人在婚前情商特高，天生自带花言巧语的体系，三言两语就让姑娘眉黛春衫里，认定他的缘，几番约会，一高兴就嫁了他。

只是生活是什么？

它是爱情在婚姻里的不断升级与翻新，一不小心，原本抹了蜜的嘴巴在柴米油盐的消耗中，在接孩子送孩子、上班下班途中的重复疲惫，在父母日益衰老的烦忧和慌张中，都变成了机关枪与火药包。

有时候，那一句接一句的据理力争分分钟能把平时的恩爱夫妻逼成仇人，恨不得立刻分手。就像吴秀波在《离婚律师》里说的，"在这个世界，即使是最幸福的婚姻，一生中也会有200多次离婚的念头和50多次掐死对方的想法"。

这倒是，再相爱的人在步入婚姻后都会经历一些磨合。只不过有的人在磨合里成长，有的人在磨合里惆怅。

惆怅的人，内心开始变得孤独，气势上却越发傲然，容易剑走偏锋，心也变得迟钝，过去的可言语、可废话、连朝语不息的美丽一步步变得凄凉。

随着十指紧扣蜕变为左手摸右手的感觉，男人眼里别人的妻子都是温柔大气的薛宝钗，自己的老婆却变成了小气别扭的林黛玉。却不知在感情里，所有女人都渴望对爱人使小性子、撒娇、耍痴的权利。

只是对方却不一定都是贾宝玉，讨喜欢，哄开心，一次两次或许可以，久了，会怨愤，再久了，会剑拔弩张。

朋友小A就是，上周听说她动了一个手术。

而且距离她上次手术不足一年的时间。

周末我去看她，她躺在病床上一副恹恹的样子，了无生气，问了一些她的病情，并没什么大碍，刚好医生来查房时告诉她这个病怕生气，心胸要开阔，加上多锻炼才能恢复得更理想，她苦笑。

我欲言又止，小A生活优越，家境良好，老公也无任何隐疾与恶习，在公司里她又淡泊名利，这些都过虑了吧？

医生走后，她的老公抱着保温盒从外面进来，招呼她说，"我煮了鸽子汤，你快趁热喝了吧。"

小A边打开边说，"不是说鱼汤吗，怎么又换成鸽子汤了？"

"朋友说你刚动完手术多喝鸽子汤以后刀口不疼，鱼汤以后再喝不迟。"

"可是我现在不想喝太油的东西啊,你怎么不先征求我的意见呢?"

"你这人怎么这样不知好歹,我能害你怎么的?"

……

他的语气越来越不耐与烦躁,这是他们之间的对话。想到小A是一个内心特柔软的女人,容易伤春悲秋,何况如此粗言?这还是在病中,看来平时,少不了言高语低的摩擦。我想起医生的嘱咐,转头看向窗外,四月的天晴朗柔软,熏然芳香,室内却充斥着莫名的压抑,有一种低气压令人泫然欲泣。

只有不成熟的人,才会对身边最亲密的人冷嘲热讽,小A的老公其实很心疼她,只是说出的话令人难以接受。

打败爱情的,其实不止恶语,有时沉默更令人心寒。

才女林徽因,当初嫁给梁思成,看起来男才女貌又门当户对,让人艳羡,却不知这位长得美、会写诗、精于建筑的女子也曾因家中的琐事而焦头烂额。

婚前不受婆婆待见,直到对方去世后才有情人终成眷属。而婆婆的阴影,一直伴随着她的余生。

大姑子梁思顺一直受母亲影响,不待见她,时常在弟弟梁思成面前说这个弟媳的坏话,甚至联合众妹妹对林徽因百般挑剔。林徽因很苦恼,偏偏梁思成一直扮着奇怪的角色,婚前煞费苦心地替她说好话,婚后却陷入沉默,一边是姐妹,一边是媳妇,这边不辩解,那边不会哄。

久了，直接影响了林徽因的婚姻情绪。

那时的林徽因，脾气暴躁，体弱多病，姑嫂间又有嫌隙，梁思成的高智商、低情商，让她怀疑他的爱，想起徐志摩曾对自己的百般体贴与热烈追求，难免心头懊悔做错了人生中最重要的决定。她的弟弟林宣曾说过梁思成的沉默令姐姐非常反感。郁郁寡欢下，林徽因缠绵病榻，去世时年仅51岁。

曾经有多幸福，现实就有多苦涩。这样一个有才有貌的极品女人最终在婚姻里成了一个有文化的话痨罢了！

奥里森·马登也在《这一生，为自己而活》里写过：男人在一段浪漫的追求之后，将一个原本快乐、漂亮、善良且充满活力的女人娶过门之后，却让她的精神备受打击，用冷漠与折磨对待她的爱意，摧毁她的幸福。

梁思成很爱林徽因，只是他在这场姑嫂战争的沉默中让她看不到希望与安慰，就像当初梁母反对自己时，他不敢违母命是一样的。

其实，做一个温暖的爱人并不难，只要心存爱意，有责任心，语言丰富、幽默一些足够了，因为女人要的都不多。

我曾在191路公交车上，看到一对因为选择吃饭的恋人由小声商量到大声争执，又互不理睬，怄着气，一路无语。公交车到站时，那男子用肘部推推女友，女孩侧过身不理他，刚好站台的扩音乐器响起"XX站到了，请旅客们随身携带好贵重物品下车。"

男子站起来，将手以绅士之姿伸到女孩面前，她大声问："你干吗？"

"你是我的贵重物品，我要带你一起下车啊。"

女孩"扑哧"一笑泯恩仇，欢喜地随他牵手下了车。

瞧，一句高情商的话化解一场恋人间的危机。爱，最温暖的情感，它让两颗心跌宕起伏。

爱人要的不多，悲伤时温暖的怀抱，劳累时的笑脸，烦恼的一句安慰。别人说你怎么胖了，他说我喜欢。别人说，哎呀，你老了，他说没关系，我们一起老。别人说你脾气不好，他说我受得了。别人嫌弃你，他却说你最好。

这样每一位男人的乐观幽默和女人的善解人意，都让彼此温暖厚重如山。

而拥有一个温暖的爱人，是多么圆满！

女人的精致，源于内心的从容

真正的女人，懂得养心比养颜更重要
女人的精致，源于内心从容
再回首，旧爱也是新颜
爱自己，才是终身浪漫的开始
唯愿世间所有相逢，都能有始有终
你有没有，无比认真地依赖谁
失去你，有了世界又如何
爱，是温柔豢养
好婚姻，需要男女都懂事

第二章

真正的女人，
懂得养心比养颜更重要

有人抱怨："女人真的不经老，瞧，才刚过三十，脸就起了褶子，眼睛也没了灵气！"

听了这话，我瞬间恍惚。

每个女人，都曾拥有饱满的汁液，却在岁月里一点点风干流失，再加上精神空洞，那失了水分的颜面，看起来惊心地凉。终于明了，这世间，曾经的少年短如一瞬，惊觉自己还是人涩如柿的年纪，怎么转眼就老了？

女人的老，习惯抱怨岁月和身边的男人，却无视自身。只注重美容院里一系列的洗脸、熏面、按摩、敷脸，像抹了防腐剂的瓷白，而内在的养，要来得深刻得多。

前年春末，我在省师范大学学习，带经济学的教授是我的老乡。年近六旬的他知识渊博，语气轻柔，身着布衣布鞋，散发知识分子的儒雅，下课时常留在教室与同学们互动。课间我曾为他的茶杯两次续水，他双手接过时，回复我一张笑脸和数声"谢谢"。

那晚，几个人一起去拜访他，却在一株老槐树下迎到他和夫人牵手同行。夫人亦清瘦,个头不高,眉眼很清澈,我们恭敬地叫"师母",她温柔地邀请我们去家里小坐。

他们住在校内的独门小院,院内爬满蔷薇,细落落地开满整个院落。

教授轻言,这是你师母最喜欢的花了!转头看去,发现她脸上竟有不经尘世的娇羞!我看到客厅中间有一副半残的棋局横在茶几上。

教授说:"这两年她的记忆力一直衰退,我每天陪着她下棋动动脑子,延缓衰退的期限。"很感慨现在浮世中个个忙碌如蚁,还有他这样为了爱人充满了耐心。我嗅到屋角里有腌莼菜的味道,师母指着桌角的青瓷小坛说:"他最爱吃春末的腌莼菜,每年我都会腌一些。"

难得她记忆力不好,却依然记得西湖莼菜要趁着在春末铜钱大小时吃着最嫩。

听说我们还没吃饭,师母从冰箱里拿出一袋速冻水饺,我以为是超市的速成品。仔细看有红的、绿的。她说红的是用胡萝卜汁和面,绿的是芹菜汁和面,教授爱吃各种面食,我就常做一些花样放起来,想吃时拿出来,方便得很。

话很实在,听了却有一种踏实的笃定:一个用闲情将饺子包了很多种的老太太,何况那馅好吃到咋舌,想必她从年轻时就注重形式,隆重地对待爱人与自己,那才是真正的美好!

同学惊叹:"哎呀,师母做个饺子都这么精致。"

她说:"一日三餐不能凑合,用心了才能充满喜悦!"

她心里的笃定见证了时间的真,在一起全是喜悦,花前品茗,灯下敲棋,烟火琉璃,这样才能活得细而不颓,腻而不烦!

这个时代,富与钱,已成了追求的噱头,养心却成了陌生和奢侈。身边的人能否成就你,是由你的精神决定的。

有位女友,甚是喜欢旅游。

时常收到她在三万尺的高空上关机前发来的短信:"我去上海了,去尼泊尔了,到丽江了……"

初时,让她爱上旅行的原因是异地恋,毕业后的两人开始了"双城生活"。都是独生子女的他们注定不能远嫁,不能高飞,不能如常人般朝夕地守护爱情,假期里她就从一个城市飞到另一个城市。

她说:"一想到奔去的那个地方有自己最想见的人,就不觉得辛苦了!那所谓的距离,并不仅仅是一张机票,它是'我住长江头,君住长江尾,日日思君不见君,共饮长江水'的遐思与美好。"

后来,她失恋了!

男友说:女朋友和自己睡不到,摸不着,简直和养的宠物、玩的手机没有任何区别,这种爱分明就是一种昂贵的折磨,我们分手吧!

分就分吧。

只是,这场恋爱的后遗症,让她爱上了飞上高空的升腾感和即将踏入另一座陌生城市的美好！这些年，她背着一个双肩包四处跑，初时散心，后来是踏实地爱上了。

她曾在北纬70度的特罗姆索迎风伫立，也站在细雨纷纷的哥本哈根的湖畔低声饮泣，当然，亚马孙河面的平静也带给她春风拂面的深沉与温柔。

后来，伤口慢慢地愈合。

她说失去一段情，失去一个人，都不是什么痛不欲生的事情，只要不失去自己。这样才能有更多的可能和美丽的人生。而旅行让自己远离人群，我独享美景，才能放下过去！

旅行归来，就在家里为自己煲一锅汤，光脚踩在地板上，午后静静整理各地的摄影，真心享受这样养心的时光。

后来，她辞了职，专职做了一名旅行记者，永远在远行，摄影，阳光，美食，她过上了花儿一样妖娆的生活！早已遇到了更合适的人！

也曾在天涯论坛见过一适婚女孩的择友条件，她只选有思想水准的男孩，并无关穷富。她说思想决定了一个人的求知欲和上进心，这远比他内心重要，就像一个学艺术的对艺术的痴迷程度，远比自身的艺术造诣要重要得多。

这样的女孩，绝对不会受外貌、经济等因素影响，她明白自己要什么。

她要能养心的爱人，明白拥有那种能在她低谷时鼓励她、自满时"打压"她的爱人，是双赢，而不是彼此消耗。

养心的女人，一般都会生活。

张爱玲就是一个懂得生活的女人，虽然她和胡兰成的爱情是一段悲剧，但她留下的文字是曲调里的抑扬顿挫，那些才情，让笔下的灵魂在字里行间孤傲清冷。她起伏跌宕的人生轨迹，留给世人许多余味。

女友说，她笔下的调调并不养心，因为底色充满了荒凉。我说如果你从另一个角度欣赏她的闲庭信步，荒凉就有了回味，就像它的葱绿配桃红，简单，却养心悦目，何乐不为？

还有杜拉斯，女友说也不喜欢这个女流氓。我却喜欢她的浪漫，比如她也喜欢旧的文字和照片，还有那些老得掉牙的旧家具。当然，我一直在时光的烙印里反刍她《情人》的呓语："我已经老了，有一天，在一处公共场所的大厅里……因为对我来说，我觉得现在你比年轻的时候更美，那时你是年轻女人，与你那时的面貌相比，我更爱你现在备受摧残的面容。"瞧，写出这样骚动句子的女人，怎会没有情调？

有时候，我和女友说不到一起去。

但我们都知道一个人的美好不在于有多少钱，见多少世面，读多少书；而在于对生活的热情、灵魂的清澈、品味的高雅，因为这个时代很分裂，好的认知让内心不骚动！

很多美女喜欢埋怨在婚后变丑了，是因为没有找对的人！

当然，找的那个人重要，但最重要的还是自己，虽然一个不幸福的婚姻能让女人的心情和身体走下坡路，但拥有一个美好笃定的内心，永远不会为了男人泛滥成灾！

也有很多其貌不扬的女孩在岁月里突然像催生的花，刹那变得风情妖娆，除了得道于爱人用爱养她，用温和打造她，用耐心成长她，她自己也要有一个美好的灵魂！

因为，这样的女人内心永远有一朵花，兀自开着，从春夏，至秋冬！

女人的精致，
源于内心从容

一大早，群里发了个链接，里面是一系列的女人暴打"公交非礼男""电梯抢劫男""地铁揩油色魔"的动图，看得我拍手称快，配的字幕是"女人彪悍起来，真是世界上最可怕的生物"。

图里的情景，我在朋友圈见过。

我神交已久的傅丫头，知性美女一枚，流行期刊文字编辑，七夕那天她发朋友圈，说生平第一次在地铁上遭遇咸猪手，骂了一句"流氓"后，她又狠狠踹了他一脚，扬长而去。

我脑补了一下弱柳扶风的她，面对坏人时，勇敢地伸出脚下那双10厘米的高跟鞋使劲踩的彪悍样子，痛快！忍不住伸出手大大地赞了一下。

孔子曾语："唯女子与小人难养也。近之则不逊，远之则怨。"

圣人何出此言？

他说："和女人走近了，女人不讲规矩，远离女人吧，她又成了怨妇。"其实，并不是所有女人不懂规矩，而是破坏规矩的人太多，才让女人分分钟从小鸟变大枭，柳眉挑剑鞘，唇边的嫣然速变鬼魅邪气。

记得《甄嬛传》里面，甄嬛说过一句特别矫情的话，"再冷，也不要拿别人的血来暖自己。"想当初，甄嬛还是个才入宫的小姑娘，简单纯良，像只纯洁的小白兔，试图用小小的心机与柔情来吸引皇上的注意力，期待着能侍君左右，被宠爱一生。

只是，后来受挫，一系列的剧情反转，让她明白以色侍君终归红颜会老，以计存活才是常胜之道。在剧中看到她用计谋吓疯了富察贵人，又拉拢了曹贵人背叛她的主子、狠心用流产来陷害皇后，她甩尽了别人的血，又踢开所有的绊脚石，最后，换来了整个皇宫都由她来说了算。

女人看宫廷剧时，都喜欢将自己代入剧中，问自己能活到第几集？

第几集？

想想自己的小心机，凭着耍贱卖奸远远斗不过华妃，装乖卖傻永远拼不过安陵容，再有能耐，也至多能算是被早早踢出局的夏冬春和那个一直想独善其身却又早折的眉庄小主罢了。

这段话是玲玲说的。

她说初入职场时，堪比宫斗剧，真是处处难免彷徨，时时难免惶恐。

因为她长得好看，名校毕业，这些光环在她身上就成了其他女人所嫉妒的影子，和男人暧昧的由头。

玲玲坦荡得很，她知道自己毫无背景，凭着一纸简历过五关斩六将进的公司，她很珍惜，所以绵软得很，尽力避开锋芒。开始还好，不显山不露水的姑娘大多被别人看成花瓶，只是当她辛苦地谈下了合同，接连签了N张订单，开始在公司里崭露头角时，一度被推至风口浪尖。

那天酒会，她穿了一件白色的晚礼服，足蹬细高跟，乌发低绾，艳压全场，精致得无以复加。当然她也感到了来自四面八方的不同眼光，男人垂涎三尺，女人妒中生恨。但她不在意，因为足够坦荡。

令她恶心的是一位平时对她不走心只走肾的领导，趁着敬酒时捏捏揉揉，大概喝高了，坐下时，手放在了她的腿上，于是玲玲转身时一杯红酒直接泼在了他的脸上。

全场震惊。当然，她辞职了，只是人走了，江湖仍有她的传说，传说就是那个泼了酒的段子。

现在的她，活得很好，她说年少才会对一些露骨的是非甩脸子、发飙。现在早学会了见招拆招，懂得应酬的技巧。只不过那进退有度的周旋，反而比过去令人生畏了，新人有时会说，姐，你那么严肃，我怕。

我说，这比发作出来更可怕，这叫心机。

她说，没有哪个女人想抹去温柔，活得凶猛彪悍，也想保有初心，只是岁月就像一台洗刨机，洗去了美好，改变了简单，留下一些反复发作的情绪。久了，当自信与财富、实力与修养还撑不起内心的愤怒时，很容易在周边的暗设里悲观，因为缺少安全感，而自己又是一个不能放弃倔强，不能跟从庸众，变得低级讨好，只想活出自我的人。

我颔首。

我一直喜欢杨绛先生的座右铭："忍生活之苦，保天真之性。"

记得小时候，我家的左邻右舍都是知识分子，很少听到他们的争执，唯有住在前院的一位阿姨喜欢一惊一乍。她的老公是我们的历史老师，少言少语。她却彪悍野蛮。

她没有工作，在学校门前开了一个小店，里面都是一些文具用品及小吃，左右两边是卖水果及小吃的流动摊贩，有时她会因为小推车挡了小店而生事端，每逢此时，她张嘴就骂，令路人掩耳。

记得有一次课间，一个卖黏糕的车主因为生意过好，一边应着她离开，一边巴巴地做着生意。她隔着人群怒吼了几句，见无用，索性推起小三轮车用尽力气远远地甩开。留下一众学生及车主怔在马路边。

大概见她一副泼皮的模样，那个瘦小的青年没有说什么，默默地捡起车走远了。

很多同学都送她一句"大妈威武"，自此却再没人敢在她小店前面抢地盘了，很多同学都好奇我们的历史老师在家里会不会受虐？

这倒真想错了，她对老师是真的好，他们从不吵架，一直是家属院里的模范。我曾被父母差遣到她家借过东西，亲眼看到她对他温言软语地讲话，根本不是平日在小店里的模样。

所以，女人这种生物，或优雅，或丑陋，或性感，或平凡。只有当她们被俗世的物所衬时，才会露出真实的面目。

有很多男人感慨现在温柔的女性少了，从"女汉子"到"狼性女人"。这并不代表女人变强了，相反是女人的心理弱势和不安全感在激烈竞争、情感拮据下表现得愈来愈明显了，所以才会由着性子一直奔着"刁妻"和"悍妇"的路上而去。

这就需要身边的那个人，拆解女人情绪，安慰那颗永远复杂不了的心，懂得在生理期适时地递上一杯热姜糖水、在孕期温柔体贴、在情绪低潮时安慰，当然还有更年期的减压。

这样，才能让女人强大不强势，独立又不彪悍，和你在岁月里温柔以待。

所以可怕的从来都不是女人这种生物，而是岁月和她身边的人。

再回首，
旧爱也是新颜

窗外的槐树开得茂盛，绿叶与黄花掩着，有风过，沙沙作响。

我扑在电脑前，发呆。发现苏儿在群里扔下一条重磅消息："我准备订婚，求推荐礼服。"

群里立刻像炸了锅，跟帖一个接一个，无数个问为什么。

此妞却很淡定，半小时后统一回复："没什么，因为我还喜欢他。"

不是群友们八卦，这是苏儿第三次的分分合合。

第一次是凌晨，她在群里宣布："我已和小林分手。"

问及原因："此人无原则，和我约会时居然迟到了五分钟。"

"因为五分钟，就上纲上线到原则问题，难免草率了些吧？"我们以过来人的身份劝她慎重一些。

她说："五分钟？五分钟我可以做很多的事情：听一首歌，读一篇文章，构思一份完整的策划案。我最恨迟到的人，迟到可以证明两件事：第一，此人无原则，浪费时间等于浪费生命；第二，此人情商低，让女生等！"

众人皆无语。

爱似裂帛，在意的人总能听到它哗啦啦撕裂的声音，他说过的话，他做的事，哪怕再小，都是在意的。

第二次，午休时间，她宣布坚决分手，因为林和她约会时看了邻座的美女，总共两眼，她心里很不舒服，坚决分手，说年华刚好时，他就如此德行，等到红颜衰老，还不得去偷吃？

理由很简单，却让我们找不出反驳的理由。

恋爱时，我只想要你全心全意地爱着，然后欢喜地数着，嗨，你的眉毛，眼睛，嘴唇……喜悦到天真的地步，当然不愿有瑕疵。

分分合合，何止她？

被称为金童的夏雨和玉女的袁泉，一个是不张扬的实力男星，一个是走清冷线路的文艺女生，他们从校园就开始了恋情，发誓彼此托付，当年爱得高调，却也一度提及分手。

寂寂落花，过了春天，就想要萧瑟。

有一段时间，袁泉认为夏雨有一些花心，对此耿耿于怀，吵过闹过，他也开始嫌弃她的脾气又大又臭，并没有再争取挽留。所幸后来他悟出了感情是相互的，除了维系，还有包容和理解，他主动找到袁泉求复合。

沟通后，两人自然结婚，又有了一个可爱的女儿，现在一家人幸福而快乐。

还有神仙双侣张学友和罗美薇。当年恋爱，她已被评选为最受年轻人欢迎的女演员了，但遇见爱情，哪管什么名气大小。即使张学友只是一个初出茅庐的新人,但温柔的她并不介意这些。

地位的悬殊,让要强的他在连连遭遇创作瓶颈期后一次次借酒浇愁,醉了,就争吵。次数多了,女人的心破碎,无力,脆弱,罗美薇伤心地提出分手。

离开后,张学友痛定思痛,才发现感情就像他的那首歌:"如果这就是爱,再转身就该勇敢留下来,就算受伤,就算流泪,都是生命里的温柔灌溉。"遂果断回头。

时光荏苒,如今他们的感情早已走过二十多年的岁月,依然坚如磐石,韧如蒲草。

这些告诉我们,真爱永远不会过期,只要还有爱,回头又怎样?怎能因为一时的面子,而放弃终身的幸福?分离的日子里,长情的人可是一遍遍惦记着曾经的琴瑟和鸣,心里的爱,是瞒不过岁月的。

再说苏儿,小林和她解释约会迟到了是因为要见她太慎重,在家里换了好几套衣服,洗了头,冲了澡,刮了面,才迟到的,小妮子想想男生爱干净是好事,虽说有点"娘",毕竟是因为在乎她这个人,权衡之下原谅了他。

第二次求复合的理由,更是动听。

因为感情加深,他一直想送苏儿一件礼物,那天邻座的美女脖颈上戴的卡迪亚项链很美,自己多看了两眼,他想如果戴在苏儿的颈上会更美,谁知就这么走神的两秒钟,自己就被"判了死刑",心有不甘,多次追问她为什么。

苏儿被缠烦了,就说我不喜欢渣男,他委屈,后来索性拿出礼物解释一切。

苏儿分析,看来是自己误会他了,最后当然是复合。

也并不是所有的复合都那么简单,如果对方确实是不在意每一次让女生杵个电线杆的样子在等他,绝不可深交。如果对方确实喜欢看美女,断得越早越好,此行径最令女人没有安全感,这样的人不要也罢。

当然,还有无数奇葩的分手理由:

我病了,你却只会要我多喝水。

我离职了求安慰,你反而训斥我不安定。

我想吃川菜,你非要带我去吃东北地锅。

……

更多的分手是因为年少轻狂,意气用事。太年轻,彼此索取,不懂奉献,爱情的弱点在那个年纪表现得淋漓。如同一袭锦衣,再加上不懂打理与维护,任凭风雨消磨,由着它烂下去,最终只能分开。

爱情至上,是对小女生说的。理性谈情,却是熟女们信仰的。

因为处于爱情的人要么情商爆表,要么情商低到蠢笨。有时急切地将完美一面呈现给对方,有时难免受了委屈变得歇斯底里,导致对方越来越没耐心,提出分手,后悔了又纠结是否还能回头。当然,如果他偶尔犯错,回头草还是可以吃的,因为好男人需要调教,好女人也要像亦舒说的那样——"自爱,沉稳,然后爱人。"

比如苏儿,提分手的是她。林却始终不放手,因为她年轻,美丽,又自知、上进,她不是无理取闹,能理性分手,也能感性回头。她的聪明在于,用智慧将小林调教成她想要的样子。

现在约会时,小林会提前五分钟赶到等她,走在身边目不斜视,出门根据女友的喜好再决定行程,虽然做不到二十四孝,却确保能做到一个暖男。

槐香飘过,他们幸福地订了婚。

两个以爱情开始的关系,很容易遭遇一些问题,不忠、三观不合、习性差异、双方家庭的介入……原因多种多样,认清问题所在,才能帮助彼此调整心理的预期,并解决这些问题。

爱本身有多种模式。女人一旦遇到,总会全力以赴,只要不伤到极致,总能回头。而且"回头"这事电视剧里有很多,因误会被阻挠、被分离、被割舍,由肝肠寸断的分开到恨到思念,历经世事后还忘不了你的好。

某些不经意的遇见,难免不旧情重燃,然后继续虐,再磨合的两人却不像当初那么爱折腾了,毕竟套路熟悉,情没新旧,只有浓淡!

所以,重燃的旧情事,一般都是大团圆结局,就像许志安和郑秀文、舒淇和冯德伦、莫文蔚和Johannes(约翰尼斯),娱乐圈里的旧情事遍地开花,就连身边的常人也如数家珍。小吵小闹总是有的,大作小作也是不断,只是静下来,才发现旧的最好,心里还爱,藏也藏不住!

所以，再续前缘，一定要问问自己，还爱不爱？

如果不爱，要断趁早；如果爱，把握趁好，管它回不回头草。

记得那句"蓦然回首，那人却在灯火阑珊处"，古人都主张要回头看一看，你为什么不勇于回头呢？给自己、给对方、给爱情一个回头看看的机会，免得因为错过了而空留余憾！

要知道，人是旧人，爱情却是新的模样！

爱自己，
才是终身浪漫的开始

每晚六点，我准时出现在附近的公园里。

慢跑与快走已成了一天里不可或缺的运动，明了生命已从小阳春走成薄秋，除了拥有如今的岁月静好，更热切地向往健康。

归家时，路过一片竹林，看到有两个与我差不多年纪的女人，彪形而立，忘形大笑，引来路人阵阵回头，那份粗犷与狂野很容易令人想起"汉子"一词。

其实，度娘对"女汉子"的定义，泛指个性豪爽、不拘小节、很能吃苦的那类女性，她们只是缺少大众认为传统女性该有的特质："她们不爱撒娇，性格独立，追求自我，不喜欢化妆，热爱自然美，喜欢与男性称兄道弟，不愿求助他人，自尊自立自爱罢了。"

而不是这种举止粗俗，言谈放肆，时不时夹着官骂，衣品上着紫下着绿，裹在黝黑微胖的身材里透着庸俗与不堪。

从她们的五官，路人还能看出曾经的姣好，或许连她自己都不知从何时起变得如此粗糙。

一直沉迷书里对女人的美好描述，它根深蒂固地影响了我——明眸皓齿、长发垂肩、吐气如兰、婉约到妙不可言、优雅到不可方物，这样的女人，才值得身边人的怜惜。

那个年代，书给了我很多情怀。父亲都尽力成全我，他给我买钟情已久的紫色单车，小天使的台灯，一把带锁的日记，更重要的是他给我的窗户安上碎花的帘子，虽然母亲坚持粗布更遮光，他却说女孩的房间除了安全，还要好看。窗帘是那种淡粉带着碎花，七月的晚霞透过来，旖旎了我整个少女的梦。

其实，每个女孩都曾一颗诗意、文艺的心，只是浸泡生活久了，诗意蒙尘，文艺褪去，心开始粗糙。再提，她们嗤之以鼻：文艺是什么？矫情！诗意是什么？作！精致是什么？骚！

每天行色匆匆，对家充满了奉献精神，婚前婚后变化自如。爱花钱的人婚后变得省钱了；爱撒娇的婚后变得隐忍；原来各种闲逛，婚后秒变宅人；不会做饭的，婚后对着电脑深扒菜谱，那份超能力简直无人可敌。

王小波说过："一个人，只拥有此生此世是不够的，他还应该拥有诗意的世界。"虽然这句话被无数女人引为名言，却又有很多女人在渐行渐远里将它遗忘。

我的周围，有那样一群女子，性格好，超能干，所有的事都能考虑周全，傻傻地为对方付出，但最后难免在生活里四顾茫然。

几年前，我刚搬到新房时，见到一位女邻居甚是惊艳，肤色如雪，唇红齿白，着青衣，披长发，款款地走着，若仙子。站在那个玉树临风的男人身边,好一对璧人。

许多个平常的黄昏,她洗完澡,散开长发,风追着裙边走,我总能想到琼瑶的句子:"夏日清凉无汗,冬日又呵气成霜。"她像一株散发清淡却摄魂香气的植物,释放着美丽与生命力。

不要说男人,连我每天都贪恋地追逐她好看的身影。她好看到有时让对面的人手足无措。

即使她怀了孕,腹部微隆到后来的大腹便便,仍是好看。

听说她生了孩子后搬回了婆家。

后来,在楼下,我听到背后有人叫"姐"。转过身,一位身材微腴的妇人对我微笑,她身穿花色睡衣,衣袖撸到肘部,手里拎着一袋垃圾,恍惚间我并没想起她是谁。

直到另一个相熟的邻居走过来打了招呼,喊着她的名字,我才在记忆深处勾勒出过去那个清丽无比的身影。

待她走过去,邻居说这小妮儿真不容易,刚生了孩子,公公就半身不遂了,婆婆身体又不好,老公像个没长大的孩子,每天在外面吃喝玩乐。而她要上班,带孩子,照顾老人,每天忙得脚不沾地。

我脑中闪过她刚才的样子,我仿佛看到她在生活的压力下每天行色匆匆,内心充满了奉献。为了老人和孩子,为了迁就老公,大概她早已忘了当初自己美丽的样子。

后来我又见了她几次,穿了睡衣出入超市与菜场,不修边幅,和她衣着光鲜的老公一同外出,别人很容易误会她是家里的保姆,再后来城市上空又慢慢飘出关于她老公的流言蜚语。

短短几年，她，容颜已改，美成了她的祭品，她已彻底沦为养家糊口的妇人。

婚姻就有改变女人的这个魔力。而生活又残忍苍凉，当你美丽，所有人都来爱你；当你忘了爱自己，全世界都嫌弃你。

即使身边的人现在离不开你的谷物供养、烟火同存，需要你与他一起回馈亲情、搭建未知……却难保有一天他强大，你邋遢，需要能在视觉上愉悦的人而离开你。

这个世上，有些付出从来都被当作婚姻的理所当然。

"它是围城"，这是钱钟书说的。

也有人说婚姻是把两个散养的人圈养在一起。而圈养，除了保护也有了约束，约束让女人在围城里妥协，消除自我，个性也变得中性十足，却忘了幸福仅有奉献精神是不够的，要举案齐眉，默契包容，付出和给予才能对等。

更多女人在婚姻里，将自己活成了假性的单亲妈妈，明明有老公，却永远一个人带孩子，吃饭，逛街，招呼一大家的事，永远处在被需要的角色，永远节俭地过日子，不进理发店护理头发、分不清隔离与防晒。

久了，忘了自己还是个女人。再久了，围城难免变迷宫，在里面兜转，却找不到回去的路，却始终不明白困住一个女人的，从来都不是年龄和身份，而是她的视野和理念。而所有经得住岁月的女人，都明白这世间没有人能放弃你，除非自己。

叶倾城说过,中国社会一方面对年轻二字无限拔高,却又十分擅长飞快地制造老女人,这是一个让女人老得很快的国度,恨不得一结婚就直逼大妈,就应该把时间浪费在打牌、聊天、十字绣上,一方面,却又孜孜不倦地拉皮整形,却有一颗未老先衰的心。

女人是矛盾的,一边迷恋年轻,却又一边放任早衰,却忘了好好爱自己,才能有别人来爱你。

很多年前,有位姐姐,刚从外地分配到市中学,麻花辫子垂腰,素白的脸。

她的单身宿舍,三面墙全是书架。

都说读书多的女孩要求多,那时她的世界对我来说简直就是流光溢彩。小小的单身宿舍,布置得精致从容。

水果从来不是整个咬,而是切成小丁放在玻璃碗里用牙签一个个小口抿着吃。

傍晚她喜欢一个人去墙外采一束芦花插在玻璃瓶里。那时小小的我,蹲着看她修剪从院外采来的枝枝蔓蔓,我希望时光一点点蹉跎。

我明白热爱自己的生命,如同枝头雀跃的小鸟欢快飞翔,灵魂随着落叶旋转起舞。

后来,姐姐嫁人了,因为有爱,所以幸福。那人始终待她如初见,他说爱自己的女人值得所有人爱她!

且喜好时光,岁月在,他们都在。活得像个女人,并不是害怕被男人抛弃,而是对得起女性这个称谓,毕竟女人是上帝偏爱的，盈盈双目，软肤长发都空灵明媚。

从此像麋鹿一路奔向草原，像白鸟展羽飞向天际。

一路无所畏惧。

唯愿世间所有相逢，
都能有始有终

送人的站台上，有一对小情侣在争吵。

男孩拉着行李箱，头也不回地走，女孩涕泪横流地跟在后面，不住地求："别走好不好？别走好不好？"

男孩停下来，转过身吼她，说一些难听的话，周围人看着他们。女孩不顾难堪，由一路的分辩到哀求，再低低饮泣和压抑悲鸣，她呜咽着："你说的我都改，求求你，我学做饭，我不晚归，不要离开我，好不好？"

从她的语气我感受到窒息的绝望。

想来在好年华相遇，在浮世里纠结，也曾从你侬我侬到如今的冷漠疏离？

结局，结局又是什么？

我好想对那个女孩说，不要求，不要哭，感情死亡之前，往往都冷硬、无情，却真实。越求对方越会轻视，在这个花开正好的年纪，做自己，才能遇见那个最好的人。

道理如此，往往在爱情里受伤的就是那个爱到卑微的人，因为深爱一个人的时候，总是天真的。

记得和女友一起看《北京遇上西雅图》时，里面吴秀波饰演的落魄男Frank（弗兰克），那个老实、木讷又失意的男人，在生活里一直缺乏成就感，前妻因嫌弃他没本事，最终离他而去。

而他，却一直理所当然地表示，我的妻子比我赚得多，所以我就辞职陪孩子；我前妻要结婚了，我要穿得好看一点儿，这样她才有面儿……后来居然去参加前妻的婚礼，还贱得在她婚礼前一天，跑去为前妻取婚纱。

女友看到那儿恨恨地说："贱。"

一个"贱"字包含了许多内容，却不知沦陷的人犯的贱不过是情到深处，不能自已，爱比对方多而已。一如罗伯特·勃莱说的：我用缓慢的、笨拙的方式爱你，几乎不说话，仅有片言只语。

有人说，感情里虽然没有绝对的举案齐眉，但也绝不能轻贱到骨子里，因为这样的爱，常常被辜负。

而我，在生活里见过被辜负的人。

认识她，已经很多年了。

永远记得那个喜庆的日子。暮春，花朵赫赫扬扬。她着婚纱、簪珠花，款款地走着，好看又满目风情。他掀起她的红盖头，她莞尔一笑，惊艳了很多人的眼，又温柔了所有人的心，包括我。

那时我还年幼，却懂得羡慕被世人所看好的婚姻，她美丽，他帅气，如果她是公主，那么他就是王子。

可是，谁也不知生活里并不全是暗香浮动，有时幸福也是奢侈品。她有过幸福,那是婚后心甘情愿地给他沏上新买的茶,给他煮一日三餐,洗他昨天的脏衣,再一丝丝地熨平……即使这样,幸福也太短暂。

那天怀孕的她偶尔提早回家,意外将老公与女人堵在房里。

她哭,她闹,红颜还未衰退,盛情就冷却了?感情的洁癖令她手足无措,曾许下的天长地久蒙上了被苟合敷衍的羞耻。

随后她的心像打开了潘多拉的盒子,猜疑、嫉妒让她日日难安,夜夜难寝。

还好,顾忌下,他收敛了许多。

不久,孩子或许感应了母亲的焦灼,提前来了。待她从手术室里被推出来,抱起那个皱皱的,带着腥膻味的小东西,心里的母爱全部苏醒过来。她贪婪地看着孩子,往日所受的苦在他的面前不复存在,哀伤尽逝,只剩柔情,在内心汩汩而流——我是母亲了。

忽然间,她惧怕孩子没爹,也怕孩子少妈。从此,对他不闻不问,只要你每天归家就好,不是多爱,只是怕失去,那份胆怯让她无法凌厉坚硬,亦无法决绝狠心。

而他,在这无声的纵容里,或许天性使然,又可能是多巴胺的分泌太旺盛,终日夜不归宿,酒色财气、吃喝嫖赌,身边那些如同妖孽的女人,他换了一个又一个。

这样过了很多年,孩子长大了,老人也老了。

某天他忽然提出要离婚,态度强硬决绝。理由是外面的女人怀孕了，如不从，会出人命的，那可是一尸两命。闹了又闹，终于还是离了。

她以为，从此萧郎是路人。

却不知道前夫这个生物究竟是怎么想的？

他离婚后才发现前妻是真的好。温柔、善良、不闹、默默忍耐，而那个转了正的妖孽每天河东狮吼，作天作地，家乱心烦，新生儿又天天啼哭，弄得他忽然又念及她往日的好。不顾深陷道德雷区，也没选择两两相忘，复又对她试探地伸出触须。

以看女儿名义，打着关心的旗号，送些礼物及钱财，交煤气、供暖的费用，从未有过的体贴加上忏悔，开始许下无数个找对了时机就复婚的谎言，她心头的薄冰开始松动。

不多，来回几趟，他就开始坐享齐人之福。

亲人恨之，友人劝之，她却如过尽千帆，除却巫山。无论他怎样负过自己，终究曾是自己生命里最重要的人。她禁不住他的甜言蜜语，放过了一个又一个合适的人。

又过了多年，在男人诺言空许了一季又一季后，某天，她忽然惊惧，白发忽生，皱纹已长，人家那边却依然过得风生水起，稳妥安适。

她才幡然醒悟，这一生青春已浪费，岁月被蹉跎，年轻不再，苍老袭来，感觉自己就像张爱玲笔下《连环套》里的霓喜，一生都在取悦那三个男人，而她只不过终其这半生都在取悦前夫，才发现韶华逝、激情褪、烟花烬、荼蘼散。

爱如一地死灰，曾经一切成空。

于是她相亲、会友。反复之下，再遇良人。良人虽不及前夫帅气，又讷言，但厚道，对她出奇的好：每日早餐做好，温柔唤她，每晚去江边散步，必定手挽手同行。中年的人了，两颗受过伤的心一经靠近，便紧紧相连。才发觉省了那些虚头巴脑的过程，便有了柴米夫妻的味道，一刹那心酸得很。

相比之下，她才发觉过去真是白活了，过去的她，透过前夫看这个世界，是一片漆黑迷茫；而现在的她透过这份感情，才发现外面也有晴朗蔚蓝及满季花香。

盘点了过去盘点了疼。

她明白，过去的沦陷，以为是情到深处才低到尘埃。却不知，对于爱错的人来说，原本是伊甸园内天真的夏娃和亚当，在食了禁果后，噩梦如影相随，寂寞不息，放不下，断不了，是对，是错，自己知道。

就像《魔兽》里的那句话："如果你想收获爱情，就得经历磨难，直到遇到那个对的人。"

对的人，就是你的爱人，也是爱你的人！爱了，才能笃定，他心底最深沉的温柔，才是女人最安全的堡垒。

终于，在横冲直撞的岁月里曾带来的伤害，也带来成长。怕抛弃，怕欺骗，没关系，只要不在人生的升腾与坠落里卑微沉沦，让自己还能拥有一份霁月光风的清明与寂寞后的卓然，人生才总算不被辜负。

愿他对你如初，疼你入骨，从此深情不被辜负！
这样，世间的所有相逢，才能有始有终！

你有没有，
无比认真地依赖谁

　　喜欢念旧，不是因为那份肆意，而是发自内心的熨帖，比如情谊。

　　那天，忽接他的电话："姐，明天你一定要来啊，一定要来啊！"

　　"你放心，我一定会去。"我郑重地答。

　　即使刚换了领导，我也如约请了假，即使隔着一座城，我也穿城而去。这份情，一直在我的心里，没法偿还。

　　因为，我一度无比认真地依赖过他，好多年！

　　那年冬天，街角的茶馆里。一度长期失眠的我在朋友引领下第一次见到他——眼神深邃，有一种洞察世事的清明和俯瞰众生的慈悲。

　　很奇怪，我卸下了平日的清冷，第一次将心敞开给一个陌生人。思忖良久，他慢慢地剖析我：倔到孤独，柔到平庸，有才华却不外显……

　　字字句句，在他的描述里遇见另一个我：外表清寂，内心却热情洋溢……我突然毫无防备地卸掉了硬硬的壳,开始无意识倾诉,泪流,这个精通易经又谙熟心理的高人,一下子打开了我所有堵塞的心经脉络,轻轻地,有如催眠。

这让一旁的闺蜜目瞪口呆,一个平时看起来那么沉稳自知的女人内心藏着那么多的隐痛,痛有多深?

外人看到了光鲜与靓丽,而他却看穿了我的脆弱与孤单。

那一刻,我像手无寸铁的孩子,往日那些无意识的思绪,睁眼天亮的无助,复杂背后的人际是非,近君子远小人的被孤立,还有内心深处一簇微弱又坚定的火苗,一杯茶,就这样从上午十点续杯到了夕阳西下。

哭过,好似被重塑了灵魂。

干净,清澈,又无比虔诚。

从此,无论悲喜,我总习惯地摸起电话,虽然他的名气早已如日中天。他很忙,网络授课,指导弟子,被南来北往的政客相邀,只有我知道他是那个一语惊醒我内心的弟弟。

有些人的缘分,认识了就是一辈子。

我虽年长,却自恃亲切,时常无故地打乱他的生活,无论多晚,他总会回复,慢慢开导,细细修复,让我紧张到崩溃的心平静下来。那时,我已经写文,缩手缩脚,后来文字开始在网络、期刊、新媒体开花,偶尔告诉他,带着小小的骄傲与满足。

他总说,姐,一定会更好,你才华横溢,又努力自知,我看得见,很远!

一字一句，有如神灵，指引着我，直到今天，他才出现在我的文字里，易界高人——奕元先生。

有人说，不要轻易地去依赖一个人，它会成为你的习惯，当分别来临，你失去的不是某个人，而是你精神的支柱，无论何时，都要学会独立行走，它会让你走得更加坦然一些。

可是，在最无助时，如果没有那样一个人出现，自己的力量又太微弱。何况，无关爱情，只有友情与亲情。有人依赖时总是幸福的，除了抱团，还有取暖。

小邪和大温就是这种关系。

那时，小邪刚从电影学院毕业，在横店乱闯时认识了大温。大温乐观、向上，像春天里不败的青藤。他每天在片场跑龙套，当群演，后来与一个名导演混熟了，看他有几分戏路和一副好身板，开始做"武替"。有些演员没有受过专业的武术指导，害怕那些高难的动作受伤，而大温就是最次等的武替，替他们挨打，吊个威亚，摔个悬崖。

但对于刚出校门，从没拍过戏的小邪，已是大大的羡慕。那时大温开始带她出入剧组，等戏里选群众演员。他安慰她，片场常有导演来选角色的，你外形那么好，一定会被选上的。没群戏的时候，小邪时常看大温吊着威亚的样子赞叹不已，"好帅啊"。

当她仰头对着吊在上空的大温流口水的样子被监视器后面的导演发现后，导演觉得这个小姑娘长得真不赖，清秀，便开始在心里盘算着……

导演找到小邪，小邪慌乱地答应夜里两点到宾馆的 112 房间试戏，是那个导演的住处。一恍惚发现大温在距地面两米的地方摔了下来，她慌忙跑过去，扶起他。

扶大温到工棚休息时，小邪兴奋地告诉他导演让自己夜里试戏的机会，大温睁大了眼，这个导演的好色圈子里无人不知，他担忧着，还是别去了吧。

小邪却执意要去，这可能是我唯一的机会吧。

半夜两点，和大温想的一样，当导演将手伸向小邪的胸，小姑娘才知道意味着什么，她想堂堂正正地演戏，却不想被"潜规则"，就苦苦地挣扎哀求，却敌不过人高马大的壮年男人，他的眼里带着欲望与志在必得的高高在上。

所幸门外传来了一阵踹门声，副导演不情不愿地打开门，是大温。

他捧着一袋夜宵，赔着笑："导演，您要的餐。"

导演用眼角示意衣衫不整的小邪离去，用脚抵住门，"你小子在玩什么把戏？老子根本没叫餐，还不快滚！"

大温一把拉过小邪，"如果你不放人，那就是强奸了。"

这件事当然断了大温的戏路，据说这位导演原本很看好大温，想在下一部戏里推荐他做个男配角，好得过一个替身的百倍。

大温却说，我救了一个好姑娘，值。

演艺圈没法混了，两个人开始找了其他的工作。大温本来就是学法律的，演戏只是年少的梦想，尝试过就够了，太苦。

他进了律师事务所，能歌善舞的小邪做了一名幼儿园的老师。为了省钱两个人又找了一个人合租，他们互相照顾，又一边打气，苦是真的苦，却因为彼此依赖熬过了那几年。还好小邪的幸福来了，她交了一个家境富裕又温柔体贴的男友。

结婚那天，大温作为娘家人出席了婚礼。

新娘说，在你的影响下，我学会了独立，就是为了有一天能够有力量去拥抱值得抱的爱人，感谢你，在我的非常时期成为能依赖的人，给我的灵魂里留下了一段温暖。

两人紧紧拥抱在一起。曾经的抱团取暖，彼此支撑的一段情，那份美好给了她做人的勇气，才在拥有幸福时不慌张，不自卑。

《山河故人》里有一句话：每个人只能陪你走一段路，迟早要分开的。我们在这个世上，总会与人相遇，总会莫名地依赖一些人，带来信心与勇气，也带来明媚与未来和好的人生。

一个可以依赖的人，往往是可遇不可求的。

林青霞曾在书里描述过她和张国荣的友情，用了一句话，"他是自己可以依赖的人。"

1993年她们在一起拍《东邪西毒》，那时她们都住在湾仔的会景阁公寓，总一起搭公司的小巴去片场。

有一次，乘车途中他问她过得好不好，那时的林青霞因为感情起伏而极度忧郁，听了这句话，大颗大颗的泪珠往下滚，沉默了几秒，他搂着她的肩膀说："我会对你好的。"

在那一刻，她认定他是自己可以依赖的人。

在这个世间游走的时候，总会遇到一些走心的人可以依赖，因为人越长大越孤单，越孤单越止语。

而止语，代表了封闭与无助。有时候，站在熙熙攘攘的人群里，会升腾起一种深深的孤独感。细细数来，日子好像缺了一种温度。

白天喧闹，可以无比优雅得体，却在万籁俱寂时孤独彻骨，孤独地踩着自己的影子都会有片刻惊惧和茫然。生活虽教会了我们隐忍，却也留下了各种不堪，而最无助的就是想哭时，不能哭。

所有的坏情绪都在藏在一个复杂的，有身份的巨婴身体里。我们希望遇到了解，希望有一个可以依赖的人。

只是这世间，就像廖一梅说的，遇到性遇到爱，都不稀奇，稀奇是遇到了解。

了解了，才能去依赖，无论是前世零乱，还是今世荒芜，在那个可以依赖的人面前被认可。终于明白，人生的富足，原来是过去我们缺少的认可与接纳，统统都在。

时间是个好东西，想要的，都会给你，在下一刻，只要你的灵魂足够丰沛，有缘的人，终会带来相遇的感恩与相知的欢喜。

而你，终究是我可以依赖的灵魂，真好！

失去你，
有了世界又如何

输了你

赢了世界又如何

你曾渴望的梦

我想我永远不会懂

我失去你

赢了一切都依然如此冷清

有谁又能让我倾心

除了你

——林志炫

八月末，秋风簌簌有声，秋雨带了凉意。

在做公众号的群里，有一位学计算机的男孩子，刚刚大学毕业，留在城里找了一份喜欢的工作，又运营一个公众号，每天累成狗，却很快乐，并没有太多精力顾及家人。

某天忽然惊闻母亲患癌，他心痛，煎熬，回家安排母亲手术、陪着化疗，略尽孝心。

母亲病情稳定后，他依依不舍地回了南方，每天下班后第一件事就是打电话问候母亲病情，她总说没事，一切都好。于是他依旧白天上班，夜里推文，每篇文字的下方，都有一行小字："等你病好了，我就带你出去玩。"余下全是祈祷，知晓内情的公众号友看到泪目，每天自发替他转载，打赏！

日子一天天过下去。

直到有一天，妹妹打来电话，说妈妈的病情越来越糟了。说着，她传来了呜咽声，哥，妈每天好想你，还不让我们告诉你。

男孩听了，思忖良久，做了一个重大的决定。他写了辞职报告，主管很惋惜地说，为什么要辞职呢？公司很看好你，下个月还有一个安排你去外地学习的机会。

男孩去意已决。

回家后他在空间里写道：辞去心爱的工作，我真的难过。可是，母亲只有我，一辈子为我活着，想我了也怕打扰我，现在唯一能做的，就是陪着她，有多久就多久吧。

这世界就是这样，没有谁能对你的痛苦感同身受，再多的风光也是别人眼里的，唯有心安才是自己的，不要等到失去时才懂得珍惜，爱情如此，亲情亦如此，陪伴比什么都重要。

前些天，姐姐的好友葬身于台湾的前往桃园的机场大巴，那场突如其来的灾难，致车上人全部遇难，无一人生还，而实际现场比新闻报道的更惨烈，尸体遍地，焦黑难辨。

噩耗传来，亲属撕心裂肺。

姐姐陪同他的爱人一起赴台办理后事，并参加公祭。她说，爱人一路呆痴，几度昏厥，醒来就喃喃一番，为什么没陪他一起去？怎么顾忌着不好请假呢？本来再盼几年，退了休，一起去旅游，却狠了心把我撇下了？

捶胸顿足，五内震荡，人却再也回不来了。

生命本身就是一场猝不及防的别离，永远不知意外何时到来。一夕间，阴阳相隔，死者逝，魂不知；生者留，却是世间最痛的那一个。

那天，返回的姐姐将她送回家后，被我们接回来洗尘，路上她不停地给亲友打电话，最后一个电话是打给姐夫的，汇报完行程，她突然幽幽地说："以后，我一定会好好对待你。"

话语带着哽咽，或许只有经过死别的人才能体会到那种刻骨吧。我懂她的感慨，活着是一件多么美好的事情，只有活着才有机会珍惜，有机会任性，有机会悲伤，有机会爱与被爱，世人能抓住的，就是活着的每一个瞬间。

这世间喜悦可能巧合，眼泪却各种固执。

立秋那天，我又看了一遍史蒂夫·马丁翻拍的《新岳父大人》，George（乔治）和所有老爸一样，怀着复杂的心情期待女儿婚礼的到来。婚礼前夕，他躺在床上回忆着女儿刚出生时小婴儿的样子，脑海里闪过她从扶手滑下，一下子扑进他的怀里，再后来女儿骑着大大的自行车在街道飞奔……看到她从一个稚嫩的孩子成为别人的妻子，乔治的心却异常失落。

我想起结婚时，待嫁的心情激动难抑，根本无暇四顾。后来母亲告诉我父亲垂泪的样子，我想象了一下，两鬓斑斑的他哭到不能自抑，多年后的今天想起仍是一痛，刹那间泪如泉涌。

今年的父亲节，商场照例有促销活动。我站在男士专柜前拿着一件灰色上衣来回比画着，儿子问我："妈，你想给谁买呢？爸爸吗？这件衣服的颜色和样式都太老了。"

我怔了又怔，给谁买呢？

父亲离开后的第一个父亲节，面对铺天盖地的宣传与张扬，我心里堵到极致，一个人在街上走了又走，发现前面的背影很像他，清瘦、笔直，就连走路的节奏都很像，我一直傻傻地跟在后面，直到那老人转身问我："丫头，认错人了吧？"

一句丫头，让我站在路边泪水纷飞。

父亲走后，我只哭过两次，另一次是在家里做家务时听了一个电视的讲座，是关于各种癌症的预防与痛觉，我一直漫不经心地听着。那个医生比画说，末期癌症的疼痛好似万蚁蚀骨，肺癌又是其中最疼的一种！

我当时正为小宝做手工。心，瞬间不能呼吸，疼到抽搐地弯下身去，继而泪水在脸上狂奔。小儿惊恐地摇着我的手，在他的瞳孔里，我看到自己疼到变形却仍勉强地面对他的笑脸，一如多年前父亲疼到变形仍对我笑的样子。

……

我算了又算,原来他已经离开我好多年了!我虽然知道,生命就是一场猝不及防的分离,每一刻都在生死之间穿行,但我很长一段时间都无法习惯没有他的日子。

现在,我早已活成了他希望的样子,安静淡然,温暖自知,既有重重铠甲,又有软肋温柔。只是,失去了他,有了世界又如何?

月亮再亮,终究冰凉。

记得《夏洛特烦恼》里,失去了马冬梅的夏洛心如刀绞,他说:"大春,我把我的一切都给你,你把冬梅还给我好不好?好不好?"

那时的他才知道有一种痛,叫失去;有一种病,叫后悔;有一种想念,叫刻骨。一切已晚。在他享尽了人间盛世繁华,功成名就,拥有豪车美女后,才知道最想要的仍是那个给他刷锅洗碗的马冬梅,和过去一碗曾被自己吃到腻的面。

熙攘人群,大多皆为名利所生,总以为该等的人会永远等,该留的人能永远留,却不知世事难料,当你将脸转向了全世界,背对的却是你最爱的亲人。

一人不爱,你又何以爱他人?

人生短暂,短到没有早一刻来,晚一步分开。一切都是刚好的遇见,活着,也要坦然接受。否则,说好的一辈子,一转身就散落天涯。

街角传来林志炫的歌:"输了你,赢了世界又如何?你曾渴望的梦,我想我永远不会懂,我失去你,赢了一切都依然如此冷清,有谁又能让我倾心,除了你。"

愿你爱的人,终也爱你。

愿你念的人,终也念你。

爱，
是温柔豢养

黄昏，有朋友来约围炉喝茶。

一个红泥小火炉，一把老铁壶，两副杯盏，足矣。想想应是"寒夜客来茶当酒，竹炉汤沸火初红"的美好，我却笑着拒绝了。

问及原因，我抚着胃，迫切地想喝家里的清粥，来安慰一天吃食堂的油腻感。想必那个出差归来的人一定早早熬了粥，待我归家后素炒小菜，再嗅着深秋里细碎的桂花香，心里全是欢喜吧。

有个小伙子，和一个姑娘恋爱很久了，却迟迟不提婚嫁。朋友着急问起，他说，没确定。

原来这个姑娘约会时喜欢食快餐的方便，小伙子偶尔想买些食材做饭，她总是嘴一撇："那多费劲，连杜拉斯都说过，爱之于我，不是肌肤之亲，不是一蔬一饭，它是一种不死的欲望，是疲惫生活中的英雄梦想。"

杜拉斯是一个只有爱欲没有食欲的女人，让多少文艺少男少女被她这句话蛊惑了呢？

小伙子说："一个不爱做饭的人，未来怎么可能热爱我呢？"

是啊，食物里面藏着最深的爱，那个愿意为你下厨的人才值得岁月来温柔相待。

最后听说他们还是散了。却也是意料之中。

在我看来，味道，带着无法轻漫的爱意，爱自己，爱你。

因为爱在每一个温暖的细节里，包括我为你做饭。

七夕那天，俩女友在朋友圈里晒出老公送的礼物：A 是香水和玫瑰，B 则是一桌饭菜。红玫瑰看起来娇嫩优雅，香水也能看得出包装是 ChanelNo.5，味道必定是微熏沉醉的，散发着五月玫瑰与苦橘的味道。

她写：节日礼物，心里美美的。

而 B 的留言是：情人节，老公亲自下厨做了一桌饭菜。图片可见，一盘油爆虾，一盘青椒土豆，中间是一盘青翠油绿的油麦菜，闪着诱人的色泽。

我在 A 的下面点了一个赞，沉吟片刻在 B 的朋友圈留了一句："一饭一蔬才是温柔"，外加一个笑脸。

她很快回复，是啊，对于过日子来说，所谓玫瑰，有时抵不过一把青菜！

我心有了解，B 那时与所有女孩一样，拥有一颗脆弱敏感的心，沉浸在对父母婚姻的破灭中，对嫁人慎之又慎。在父母喋喋不休的恨嫁里忍受着，她对嫁人感到很茫然。

那时有适龄的男子疯狂地追求，只是美人迟迟不点头，最后追求者由众多到只剩了两个人。

两人皆有特色，工作、相貌、品德不相上下，只是一个看起来非常精明帅气，另一个则稍显木讷敦实。

那时所有人都以为她会嫁给那个精明帅气的男人，因为怀春的少女有几个能抵得住男人的帅与殷勤？

一年后，她却嫁了后者。

问其原因，她说，爱从胃开始，那个帅哥每次约会都会选择星巴克，要么喝咖啡，或红酒西餐，吃到胃里抓狂，有一次在公司应酬后被带去喝咖啡，满肚子佳肴差点一口气没顶出来。而那个成了老公的他，总是将她接回宿舍，炒两个素口小菜，再熬一锅小米粥，清心滋养，那是她喜欢的。

婚后，她在粥的滋养下很快胖了起来，珠圆玉润看着喜人。其实，所有人都无法抵挡来自烟火深处的温暖和熨帖，红酒和咖啡只能是生命里的高档调料，一碗温粥才是你赖以活命的氧气。

有人说，有了爱情就有了生活，而一起生活的却未必有爱情。

因为爱躺在摇篮里，生活却是人在江湖。江湖除了有温情，有欢笑，还有眼泪和争吵，它需要每一个绕指柔的女子在温情里磨合百炼如钢的男人，即使争吵也甘之如饴，心甘情愿地裹上围裙做饭，就像林俊杰唱的"豆浆离不开油条，让我爱你到老"。

这份到老，需要用温柔来豢养，就像 B 的老公只要在家，一定给她炒一盘青菜，即使出差了，也会买一把青菜放在家里，他是个细心的男人。

很多女人都说，最感动自己的并不是对方挣了多少钱，官做了多大，而是自己等在菜场一隅时，看他挤出来，西装革履，却举着一把青菜，真的是比捧一束红玫瑰要好看得多。

所以，最动人的爱情仍是来自于生活。

而美食，是爱情开往春暖花开的明媚，是挂在枝头的阳光，是最接地气的爱。

平时，我是一个很宅的人。

周末的状态，基本不出门。

当然，情绪来了，我喜欢做饭，并给每顿饭赋予一种仪式感，从进菜场买回一堆新鲜的食材，到裹在围裙里做几个讨好家人味蕾和灵魂的饭菜，再装入早早备好的漂亮瓷器，那么食物带来的不仅是味道，更多的是感情。

每次我在厨房做饭，总能记起父亲做饭的样子。

小时候，我不食荤腥，长得弱不禁风。为了我，他可谓绞尽了脑汁。

父亲听说红豆养血，就在炉上将红豆煮到软糯，加上冰糖，真是甘甜，然后将豆捏成团，掺上蜂蜜和油，香味时常自动敲开我的味蕾。

我爱吃土豆，父亲会七八种土豆的做法。我爱吃鱼，他也会各种风味的烧鱼。后来，他离世，土豆和鱼仍是我的最爱，但他的味道却再也没遇见过。

成家后，老公和我都喜欢喝莲藕排骨汤，而藕则有糯与脆之分，他喜欢吃脆的，我却独爱糯糯的口感，于是他炖的汤里，再也没出现过脆的藕。

所以,每一个愿意为我们做饭的人,一定都有最深的爱,一如卓文君爱司马相如的诗曰"自此长裙当垆笑,为君洗手做羹汤"那种接地气的深情。

小棠菜,是个家有两个萌娃的厨娘,她开心了写字,不开心了做饭,没有大追求、大视野,过的是小生活、小日子。除了事业,唯愿做一枚合格的厨娘——下厨和当娘,则此生足矣,这是她的空间说说,其实也是很多女人想说的话。

她常在群里晒美食图片,这位资深厨娘,做得一手好菜,写得一手好文,过了小半生的好时光。

春天她会包一碗荠菜小馄饨,水灵灵的鲜,带着四月初的味道,换来俩萌娃带着口水的吻;夏天用淡奶油、草莓、面粉给娃们做出草莓班戟,甜了整个夏季的风;秋天,趁塘里荷叶青碧,蒸一笼荷香糯米鸡;周末熬上一锅鸡汤,说是母亲教的。

要知道,她可是个统管一个五百强公司 HR 的职场丽人。每每想到她回家后褪下高跟鞋与精致的套装,忘却职场名利,在厨房里为家人洗手净菜,蒸炸炒煮的样子,我认为这才是这个女人的另一种鲜活。

我见过很多职场优秀的人,优秀到闪闪发光却经营不好家庭生活,只因不在意那一饭一蔬的味道,忙职场应酬,忙到功利交友而忽略掉家人。却也有很多人因家庭滋养出的归属感,全身带有爱的光芒。

黄磊是个老幼皆喜的演员，不仅因为他的演技，还有他对家人的爱护——深情来得直白，爱她，不让她下厨，只是担心会切了她的手。

今年，他在新书《黄小厨的美好日常》里，分享了很多菜谱，大多是寻常菜系，却包含了很多回忆。

书里提到了他去电影学院考试后父亲亲手做的腌笃鲜，有中秋与家人一起吃的黄焖鸭，有邀请孩子们一起动手做的布鲁姆面包，以及人人都会做的西红柿炒蛋……他说希望孩子长大以后能记住爸爸的味道，这种味道，是家的味道。

一饭一蔬，爱意浓浓。

他说："真正美好的生活，是你认真品尝过的每一种味道。"当然，这需要足够耐心去掌握火候，经过淬炼，磨出适合家人的烹饪，犒劳味蕾。

常有人发愿在薄情的世界里深情地活着，却不知道深情来自于生活的细节。如果你不懂深情，或一味追逐白首不分离的肤浅，计较谁付出多少，难免在生活里陷入困局，日日沦陷，却忘了心离胃最近，胃暖了，心也就热了。

心是自由的，它不在半空中，也不在别处，却因为一餐饭踏实地落在地面。就像冯唐说的："一男一女，两个正常人，能心平气和地长久相守，是人世间最大的奇迹。"

所以，从初遇的激情跌落到人间最平淡的饮食，才最能抵住人间的似水流年。

爱人的一顿饭，顿时嗅到芬芳，味蕾张开。

来，张开嘴，我们一并咽下春夏秋冬，你欢我爱。

好婚姻，
需要男女都懂事

宽容和体谅，沟通和交流，就像有了太阳的天空，全家人才会阳光明媚。

前年夏天，我和冬曾参加一个旅行团，围着小半个中国的海画了个圆。

出门前我俩就商量好了，两个体重不过百斤的女人，身边又没带个爷们，特产一律不许买，轻装上阵！

所以，每到一地，我俩除了吃喝玩乐，就是悠哉地看着别人购物。

其中，有一对小夫妻，每天将那些海蛤、虾米、海蜇等物塞进满满的旅行箱。冬有些好奇地问：为什么要买这么多东西？现在物流那么先进，每个城市的货架上都不缺这些的。

小女生说："那不一样啊。"

冬问："你们度蜜月？"

"嗯，"她有些不好意思地说："这是给我妈的。"她举着一块玉，我看到那是她在某玉雕城买的。"这是我婆婆的。"那是某家丝绸店的披肩。"那是他姐姐的……"

冬说:"哎呀,你可真懂事,想得周到啊。"

男孩站在一边宠溺地看她和我们聊天。后来的行程,我俩更是见识了他们的懂事和周全,男孩接电话时会礼貌地说:"爸,您放心吧,我会照顾好木子的。"不用问,那是岳父的电话。而她也会在晚饭后提醒老公,给家里的爸妈打个电话吧。这个爸妈一定是公婆!

这个女孩在婆家必定是讨喜的,因为她很懂事。未来的她难免也会在各种无法预知的矛盾里挣扎,但显然她已经步入一个良好的开端,相信她会游刃有余地走过各个阶段的未知。要知道,并非所有人都像她这么善解人意。

我认识一个姑娘,高干子女,有点儿自恃清高,进了婆家,也端着架子,弄得公婆每天小心伺候,生怕有什么不合适惹到她。据说,连尿壶儿都替她端了。她的婆家住的老式房子,卫生间在院子里。

只是生活里太容易不高兴了——职称没评上,先进没当上,熊孩子的成绩不好,老公这个人太无趣了,姐妹淘没什么意思。她总会有理由冷着脸,搞得家里的气氛时常紧张。她老公这些年护了她不少短,媳妇平时跋扈了些,他就对父母说她工作太累了,老人体谅儿子左右为难,也从不多说什么。

矛盾爆发缘于新房子装修。

他们买了新房,准备装修单住。本来说好的,两个人上班都忙，公公就每天到新房当监工观察工人的进度。开始还好，某天她发现卫生间的瓷砖，有一块不平，还掉了一小块瓷，当然，不仔细看并不容易察觉。

她不高兴了，甩了脸子，老公在背后哄了她无数好话，才算过去。

第二天她又发现卫生间的镜子比原来设计的高出10厘米，她立刻冲着公公嚷："我交代过了，你怎么盯着的？这也太粗心了吧？"

公公说："10厘米高低无所谓吧，那是因为迁就墙缝才提高的。"爷俩不欢而散。

晚上婆婆给她打电话说："你爸这几天腰病都犯了，也没休息，你们新房在10楼，没正式入住，电梯又时好时坏的，他累到现在，晚饭还没吃呢！"老太太的意思很明显，老爷子挨了累，受了气，媳妇你稍微说个软话就行了。

她大概没消气，当即说："不舒服明天就不用来了。"就挂了电话。

当晚婆婆就打电话给儿子，说你爸进了医院。心脏病犯了，确切地说，是儿媳气的。

她象征性地去了一趟医院，就以装修离不开不再去了。小姑子不愿意了，和哥哥告了状，历数嫂子这些年的种种不是，竟让他无以作答，一件小事撕破了家里多年来伪装的平静。

这一次，她老公再懂事也没了用。懂事成了他一个人的独角戏，面对爸妈怨，妹妹恼，很难再继续唱下去。而她作为一个已步入婚姻里的女人，始终不明白婚姻里好的关系，从来没有天生的，它需要里面的人共同宽容和体谅，才能良性循环下去。

小S自出道以来，也一直以懂事著称，却忽然在晒了多年的幸福后自爆曾被家暴，这与她平日里的"家抱"不同，起因是她在节目里调侃吴奇隆和刘诗诗的甜蜜。

她说："你现在看起来很激情，两年后你再看诗诗，你看看自己想不想打她？"

吴奇隆反问她："那你被打过吗？"

她说："两次而已。"

结婚12年以来，这是她第一次公开承认被打。作为公众人物，她一直辛苦地维护老公及家庭，无论哪种绯闻，都咽下了。

最难过时，也不过是偶尔流露出"婚姻真的很奇怪，会变来变去"的无厘头语言。

而且无论怎样变，对方依然如此，作为三个女儿的母亲，在面临事业滑坡时，婚姻里的落寞并不算什么。至于老公的各路绯闻，大概许某人不直接将外面的女人领进家门，小S就会一直懂事地维持婚姻的圆满形象，哪怕早已一地鸡毛。

婚姻需要懂事，但这种懂事并不需要你忍辱负重，丧失底线和丢掉原则来维持平衡。

世人皆知婚姻有两种：一种是外人能看到的幸福；另一种则是关上门一家人共同感受的幸福。而有些夫妻习惯了在外面秀各种恩爱，关起门来却怄气、冷战，那才是最伤人的。

有人说，恋爱时需要一个人跑，另一个拼命追，才有意思。而结了婚，却必须是两个人一起跑才能跑得更远。

身边有一对夫妻，结婚十多年了，依然相敬如宾。无论是日常生活、教育子女、抚养双方老人的问题，彼此商量着来，不搞小动作。丈夫家是农村的，经济差一些，平时支援钱什么的，妻子都会主动提出来。而妻子的父母年纪偏大一些，身体不算好了，有什么需要，老公不等招呼，就主动前去解决了。彼此都能看得出对方是真心实意的，贴心贴肺的好！

两个人在家时的状态，也是你做了饭，我会主动洗碗；一个买菜了，另一个会说辛苦了。两种分工，双重安慰。偶尔忘记了各种纪念日，另一个也不会上纲上线到你不爱我了。

直到现在，他们仍是举案齐眉的模样，时常看到他下班后骑着自行车去单位接她，穿过槐花满地的街道回家，夕阳下的身影格外生动。

曾有人问他们吵过架吗？

男人说："吵架很正常啊，但我们都讲道理的，道理说开了，就什么事都没了。"

当然错的那一方会主动道歉，不冷战、不告状才能让矛盾早早消弭。

有人戏说那是因为你娶了一个好媳妇。他挠挠头："嗯，我媳妇真挺懂事的。"亲其所亲，爱其所爱，敬其所敬的女人当然懂事。

　　自古以来，太多的婚姻灌满了各式各样的悲哀与埋怨，很多人承载着，传袭着，直到一天天老去，却仍有一些人依然活得肆意，任四季花开花落，自成风景，让人羡慕不已。

　　因为这些人明白，家就是个有爱、有温暖，不争高低、不论长短的地方。无论有多少爱情归属于亲情，多少热烈趋于平淡，只要有沟通与体谅、接受与包容，这样的爱才能不怨这一生太长，身边的伴侣太糟！

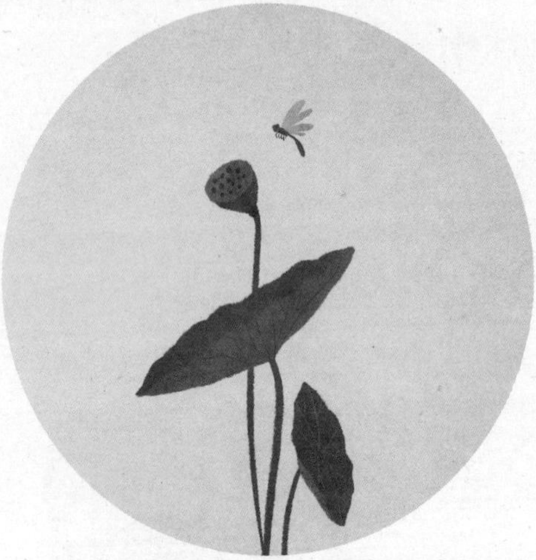

让情调
住进灵魂里

你的温柔，媚眼如丝
你有没有长成自己喜欢的样子
此生，愿你只生欢喜不生愁
让情调住进灵魂里
有多少岁月静好，就有多少颠沛流离
玫瑰不问为什么
昼颜：花开夜，欲落晨
你的安全感，谁愿意给？
有些遗憾，别成永远

第三章

你的温柔，
媚眼如丝

温柔，就像一种情绪，它和水一样，有形无态，却直抵人心。你有没有见过这样的镜头？

因为某件小事，夫妻两个人争执得不可开交，于是开始生气，互相抱怨指责，又唠叨发泄，从你一语我一语到人身攻击，再到互掀老底、重翻旧账，上升到家族、人品、德行，无限制的攻击和被攻击，甚至再严重些，发展为拳脚相向，辱骂连连。争吵并不能解决任何问题，只能让情绪扩大，麻烦还在，厌倦丛生，天长日久，积怨加深而后情感疏离。

心理学家朱恩·坦尼说过——如果一个人所受到的批评，不是因为所做的事情，而是因为他个人本身，便会引起这个人的羞辱感和无助感。

那么他会开始更恶毒的反击。

婚姻，到这个阶段已经很危险了。

其实，这一切都可以避免，一方开始怒时，另一方可以柔克刚，以理服人，甚至闭嘴就好了，就能化解一场婚内争吵与危机。

婚姻本来就是一门相互磨合的艺术。婚前，它是琴棋书画诗酒茶；婚后，它是柴米油盐酱醋茶。它与爱情不同，爱情是个很傲娇的东西，也很简单，来来回回不过是"我爱你""对不起""分手吧"这几个词。

而婚姻不行，它要经过一段很漫长的过程，并不是找一个好人过日子那么简单的事。它很长，长得要用一生来消耗。

它以幻想和激情开始，往往以疲倦和淡漠结束。这需要聪明的女人在婚姻里学会温柔，才有利于更好地经营婚姻。

女人，一定要温柔。

它像水，因为水是柔弱的，温顺的，它能顺应地形、翻山越岭、巧避荆棘、浸漫草地，再到达源头。所以温柔也是这样的，明明刚才还是很浑不懔的男人，看到你温存软语或是梨花带雨的样子，哪还忍心再吵下去？

有的女人是纸老虎，明明刚才还是河东狮吼、盛气凌人的样子，等到丈夫开始发飙，人就蒙了。

林林就是这样的人。

她闹离婚，原因有点让人啼笑皆非，竟然是老公不洗澡，当然这仅仅是一个导火索罢了。

她是一家公司的副总，是个好强的女人，因为管理团队久了，很容易将工作里的强势作风带回家。她不许老公抽烟喝酒，控制他在外面交朋友，又掌握了家里的财政大权，最让老公受不了的是只要他外出，她就不停地拨打他的电话，手机定位时刻追踪他的位置。这一切让他很难堪,恨她不给自己私人空间,有几次同学聚会指明带家属参加,他都不敢带她去,生怕妻子在外面拆自己的台。

久了,她女强人的气氛已弥漫在家里的各个角落,甚至有些知情的同事开玩笑他是" 耳朵"。

压抑久了,也为了证明自己不是软骨头,有一次他应酬回来很累了,两个人开始争论是睡醒了洗澡还是洗了再睡,无果,他休战,主动提出离婚:"我再也不想和你吵了,离婚吧。"说着收拾自己的衣物要搬到单位去。

林林蒙了,没想到事情会发展到这一地步,看到平时温顺的老公变得如此狰狞,她瞬间变成了哭哭啼啼的小妇人,委屈地说:"不许你抽烟喝酒是为了你的身体,控制你交朋友是生怕你学坏,外出打电话提醒你不要乱交异性,让你睡前洗澡睡了觉才会舒服,说来说去都是因为在意你!"

"可是你的这种方式快要将我束缚死了,我受不了了!"

"那我也是因为爱你啊!"看到平时女强人般的妻子在自己面前痛哭流涕的样子,他居然心软了,刚开始还非离不可的决心瞬间瓦解了。

有时就是这样,他弱了她就强,她的示弱让他退后一步又心生感激,他为她的温柔倍加珍惜,这才是维系夫妻感情的枢纽。

不止普通人,就连名人的婚姻也逃不开这些。

民国第一外交家顾维钧,他的第三任妻子黄惠兰是一个很大气的女人。她的大气缘于娘家巨富。嫁给顾维钧后,她一直辅佐他的外交生涯。他们的婚姻可以说是强强联合,才华与巨富,再加上她的长袖善舞,所以原本就才华出众的顾维钧更是如虎添翼,在外交界及政界一步步出人头地。

只是后来张作霖改组政府,顾辞了职,一年后,北伐胜利,国民政府统一全国,顾在北洋政府任高级职务,受到新政府通缉,开始流亡后,也打算就此安心隐居,逍遥地当个寓公,但他内心对事业追求的不服输,他不甘心隐居生涯,想要东山再起,如何再起?金钱开路。

黄惠兰拿着钱,大笔的钱,通过宋子文的运作,顾维钧东山再起。

如果说当年的林徽因助力了梁思成的精神成长,那么黄惠兰带给顾维钧更多的是经济上的鼎力支持,精神上的无私相助。只不过同样的幸运娶得此妻,有人知足,有人不知足。梁思成知足啊,再加上他性格温和,很能容忍林徽因的小性子。

事业稳定了,顾维钧却开始看黄惠兰不顺眼了。这还是要从她娘家的财富开始。这么多年妻子的财成就了他的事业,很没面子,再加上黄惠兰一直优越的生活,早就形成了强势作风,难免得意了些。得意到顾维钧对她佩戴娘家的珠宝都有压力,劝说:"以后你只要戴我给你买的项链就好了。"

她偏不,我有钱,我想招摇就招摇,奈何他人?

嫌隙久了,难免冷漠。

他觉得她浅薄、矫情、强势，她认为他低俗、笨拙、温暾，他们之间的矛盾一触即发！

所谓强极则辱，好吧，你强，我忽视。然后顾维钧就在婚内出了轨，出轨的对象是那个低眉顺目的严幼韵。那个才女，媚眼如丝，任世间男子都难挡，而顾维钧急需女人在情感上的慰藉与依赖感。

徐志摩也说过——你那一低头的温柔，像一朵水莲花不胜凉风的娇羞。

强势败给了温柔。

黄惠兰的不温柔，直接将顾维钧逼到了严幼韵的身边。晚年后的他宣称，严幼韵是自己一生的珍爱。自己被她照顾得很好，很幸福。四任妻子，付出最多心血的莫过黄惠兰；只是，金钱筑起的铠甲，终敌不过温柔的软肋！

后人总结，像顾维钧那种有才华的男人需要女人仰视，而黄惠兰在强势中早已丧失了温柔的本能。他们谁都不愿意低头，关系势必越来越僵。俗话说，柔软的才不易折断，麦穗是，感情也是，水柔软无形，却能无孔不入。

当然，温柔的智慧在于度，仅仅一个女性的小眼神、小撒娇抵得过河东狮吼，适度放低自己，并不代表一味迁就，因为迁就久了同样让人乏味，心生厌烦。

以柔克刚，是一种蚀骨的温柔，能够照顾对方的自尊和维持面子。

就如《圣经》上说的:"妻子要顺服自己的丈夫,因为丈夫是妻子的头,丈夫要爱自己的妻子,因为她是你的骨中骨,肉中肉。"

你有没有长成
自己喜欢的样子

夏天来了，我和女友在轧马路。

从少年时我们就一直保持这每周一次的轧马路时间，夏天举着冰淇淋，冬天拿着烤红薯，有风的日子就躲在临街的咖啡屋，对着马路牙子不紧不慢地聊天。

迎面走过一对情侣，女孩手里举着冰淇淋，男孩伸过头咬了一大口，女孩躲着闪着笑着骂着，要是过去我们会目不斜视地走过，不约而同说一句"矫情"，而现在我们只是艳羡地追着她们的背影看。

女友说，他们脸上写满爱情的样子。像呻吟，像叹息，像低语，但是我听得很清晰。

爱情，在风中摇曳，似乎对谁都曾青睐过。

我调侃，记住，你是个已婚"老女人"啦。

她哈哈大笑，在她的笑声里我仿佛看到过去那个白衣胜雪的女子，在青春里盈盈踏花，裙衫罗裳时遇到了那个穷小子。

当年她嫁得并不好，至少很多人这样认为。那时她的父亲是我们城市银行的行长,算得上有权有势的人物,可她却偏偏爱上了穷小子。

穷小子是农民的儿子,是家里第一个考取了大学,做了城里人的。身上被寄托了全部的希望,除了父母健康、兄弟成家,几乎连每个季度施肥的农药钱都被他一同背负着。

她就喜欢他孝顺、有责任的样子。一直无悔地爱着,那份执着,好似一旦分开,就会要了彼此的命。顶着压力,父亲的政治手腕,母亲寻死觅活的撒手锏,一波一波地斗争,犹如余震,来了又走,走了又回。

即使这样,她仍是顶着巨大的压力与老公结了婚。其实,那阵子她老公的压力更大,因为出入岳父家的都是"谈笑有鸿儒"般的人物,所以就有很多人奇怪他一个农民的儿子,凭什么能娶了行长的千金?即使他再优秀,也不过是一名普通的中学教师而已,那些亲戚给了他很多轻视与刁难。

但她却对那些嚼舌头根的人说:他聪明好学,正直厚道,靠自己有什么不好?她鄙视那些带着笑上门求父亲给孩子安排个工作的亲戚。

因为不受家人祝福,他们简单地在学校附近租了小屋,家徒四壁,只有几件简单的家具。她却在郊外找来几枝修竹,做了数个小相框挂在墙上,里面全是老公与自己的素描或照片。她还别出心裁地做了些垫子,上面放了几个从旧货市场里淘来的泥罐,里面插上一束野外的芦花,阳光透着百叶窗一栏一栏地照进来,她的巧手让一间不起眼的小屋，转瞬飘满爱的气息。

穷小子总是拥住她，满怀歉意地说："有你，我真是幸福。"

爱是有力量的，为了让爱人过上好日子，穷小子在某机关单位招人时，勤奋备考，顺利"中举"，自此仕途一路平稳，小日子越过越好。后来孩子出世，父母认可，夫妻恩爱，一切都岁月静好。

她说："我好像在婚姻里看到了当初自己想要的模样……"

时光是个好东西，经过这么久的岁月，她无时无刻地呈现出一种幸福的感觉，后来总有不相干的人说她嫁对了人。

什么是嫁对了？

他们只是在最美的年华相遇，在最好的时间成长，在最难的日子彼此扶持，一步步才长成了今天的这个样子。

亦舒在《我的前半生》里写过，"结婚与恋爱毫无关系，人们老以为恋爱成熟后便自然而然地结婚，却不知结婚只是一种生活方式，人人可以结婚，简单得很，而爱情完全是另外一回事。"

确实，有人最初因为爱情彼此吸引，非他不嫁，除她不娶，却最终在岁月里看透对方，撕下伪装，成为陌路。

如果有人在婚姻里长成了自己喜欢的模样，必定就有人在婚姻里变成了自己所讨厌的样子。

珊就是那人。

她留言："我讨厌现在的自己，到底该不该离婚？"

这个才刚刚结婚两年的小女子，恋爱时就像林忆莲唱的："我怕时间太慢,整夜担心失去你,恨不得一夜之间白头,永不分离。"那么迫切地在一起,还没待自己看清爱情的模样就失了神。谁说过:20 岁时看爱情,看到的是爱情的影子;30 岁时看到的则是爱情的身体;30 岁以后才慢慢看清它和自己的人生到底是一种什么关系。

还未等到她的 30 岁,爱情就换了个模样。她开始嫌弃公婆太过节俭,又嫌弃老公平庸,初时那个人还百般哄,万般暖,久了待他的荷尔蒙渐退,多巴胺减少,再面对她的喋喋不休、欲壑难平,开始反驳对斥。而珊面对这种恋爱与婚姻的反差,极度敏感,终日变得神经兮兮又草木皆兵。

短短相守两年,动辄闹得人仰马翻,离婚整日挂在嘴边,终日吵闹,却又拖了两年,又生下孩子,孕期时平静了些许,只是那些藏于浮面的安静随时会爆发,而她的好一阵歹一阵,磨得身边的人失去了耐心,上演的是更强烈的风波,唇齿相讽发展为拳脚相向。上过法庭,签过协议,却数度在家人劝说下不能拿婚姻儿戏,她开始念在担心幼子失母的苦痛中勉强撤诉,却又开始了冷暴力。

那种冷,到骨髓,至肉身。

她说,如果你遇到一个对爱情婚姻要求比较多的人,遇到爱冷战的男人,你一定会被逼疯的,只是没待她逼疯,老公却在父母哀其不幸又怒其不争时提出离婚,又换作她在各种顾虑中左摇右摆……

其实，所有人的婚姻里都会有阶段性地不合拍，允许自己适度地妥协，但也要保留独立的人格，感性相爱，理性相守，成熟地对待身边的人，告诉自己围城里并不完美，却也没有那么不堪，我们每人都带着人性的弱点与瑕疵活在这个世界，却永远也不要忘了，婚姻最初时彼此美好的样子！

死生契阔，与子成说，执子之手，与子偕老！

此生，
愿你只生欢喜不生愁

和好友逛街，看到一个年轻女孩抱着电话当街号啕大哭，好友叹息："太年轻。"

是啊，只有年轻才会如此肆无忌惮，不顾形象，不怕弄花了妆，不过即使这样，她仍是好看，脸上有雨打花蕊般的委屈，而中年的委屈只会躲进房里静静地待着，等到自己平复了，再云淡风轻地走出去。

30多岁，好像一个分水岭，有人岁月静好，内心喜悦富足；有人分分钟将自己变成庸俗妇人，公交车上隔着几个座位都能听到其喋喋不休，半小时内能把家里的人啊狗啊全部交代清楚。

大部分人到中年学会了隐藏情绪，很少直接表达自己。开始容忍孤独，对抗寂寞，明白有时喜欢必须让位于不喜欢，也懂得屈从于现实的冷漠。

这两年单位里进了好多90后的新人，他们青春、新鲜、进取又乐观。与他们聊天，极富感染力。虽然隔着年代，听他们诉说着梦想与迷惘，我欣赏却不羡慕。

因为吴晓波说过,"所有的青春都是为中年做准备的。"而我们也都年轻过。

大多女人在中年来临以前,都紧锣密鼓地完成了人生的几项大事:择一城而居,有一份养活自己的工作,寻相爱的人结婚,再生儿育女,然后就这样一直一直过下去……这样才觉得自己是一个有担当的新时代女性,只是偶尔恍惚怎么突然就从青春步入了中年?

就像《两小无猜》里的一段话,男主角说:"这就是35岁的我,什么都有,一个老婆两个孩子三个挚友,四份贷款五星期年假,六年没换工作,七套高传音音响,八星期做爱一次。我有可以开到210公里的引擎,却开在限速60公里的路上,这就是长大成人。"

这就是普通的生活,不再鲜衣怒马,每天按部就班,日子仿佛被涂上了一层防腐剂,和曾经的少年光阴,已然隔天隔地。

一边感慨离经叛道成了过去,温良谦恭已步入正轨。

其实,中年并不可怕,在漫长的岁月里,它能滋生松弛的皮肤与眼角细纹,却也滋生了深水沉静的智慧。

只是怎样才算是好看的人生?

某天,一位好友非要请我们吃饭,问其原因,笑而不语。席间才知原来他在医院体检时,查出了肺部有阴影,后又奔赴省城重新体检,只是有根血管比较粗大而已,虚惊一场,来不及回家就邀请我们吃大餐。

他说,得知自己的肺啊、心啊、肝啊浑身上下各个零件器官完好，顿时感觉有种赚了的惊喜，值得庆贺，他说，才觉得从前唱歌、泡吧，甚至通宵加班都是为了更好地生活，现在才知没了健康，就什么都没有了！

是的，健康！

想起我，去年做了场手术，虽无关生死却也是切肤之痛。从初期隐隐地疼，到后来整夜不能睡。医生说你缺乏运动，所以积劳成疾。

联想那些年，嗜书如命，写字到疯狂，每天直直地坐在书桌旁，懒得动弹，忽然很是羞愧。一个女子，为了那丁点的理想忽视了身体。那病，怕是早就因在了身体暗处好久了，所以，它就在合适的机会跳了出来，让你疼，让你哭，谁让你那般不爱惜自己？

现在我轻描淡写地说着这些，因为某种程度上我获得了新生，忽然发现这些年在健康的路上我几乎弄丢了自己，还好现在懂得有氧运动，散步、慢跑、瑜伽已成了日常，病痛过后，忽然学会了好好对待自己。

在指责中年女人是一群可怕的生物时，我身边也有活得肆意的女人。丹开着舞蹈工作室，我常常不请自去，忙时隔窗探望，见她收腰提臀，指点一群半大的孩子，云鬟微乱，柔美的曲线怎样都是好看。

闲时与我谈人生，窗前的香台若有若无地散发出洋柑橘精油的味道，一切都岁月静好。

殊不知刚毕业的她也迷茫过，事业、爱情都曾搁浅，上了艺校，找不到合适的工作，又不愿给腕们伴舞，那些日子她像个陀螺般发狠练舞。后来开了工作室，不仅没有虚度青春，又自然保留了初心，现在的她每天在阳光中醒来，都是笑的。

而我本平凡，唯一引傲的是年少时爱读书的习惯一直在，好在家里小儿长大，我还未老，可以闲下来做很多事。每当有人喊空虚无聊，我怏怏地觉得时间不够，每天除去上下班，全留给了读书写字。

初春，风还微凉，却早已有了花香。

有一位在外地做新媒体的好友给我留言："你开个公众号吧？"

"为什么？"

"让你的文字有个记载的地方啊。"

"可是……"我想说，我有工作啊，要写专栏啊，要旅游读书……

"就这样定了，你只写文，我来编辑。"

微信上简单的留言和他的文字一样凌厉简洁，就敲定了我写文，他编辑。

的确如此，我除了将文离线发他，什么也不用做，就连发文，也是隔三岔五，催了又催。

他总鼓励我：有平台要转载，有人在后台留言喜欢，加油！我被催打着前行。偶尔会为自己找借口，杂志社要交稿了，没时间，要加班，没时间，却也一路跌跌撞撞地走了下去。

慢慢地见后台的朋友如沙般聚拢，各大 V 号陆续转载我的文章，心里溢出了感动，为初心，为友情。

每个人年轻时要做的事太多，恋爱、事业、生子，这个过程漫长，难免因玻璃心流泪埋怨。在孩子成长、老人衰老的负担中对生活激情渐退、梦想消息、爱再也不轻易说出口，内心却开始柔软，才惊惧好时光太快。

过去如同旧电影，在脑海中，反复播放。

将曾经的难过与抑郁一点点清空，将精力放在自己认为有意义的事情上，不再热衷人多热闹，远离是非与尘嚣，让生活慢下来。

慢下来，并没想象的那样难，踏着风，迎着雨，让压力变小，欲望变淡，幸福就会自动增多。

林徽因说过："真正的平静，不是避开车马喧嚣，而是在心中修篱种菊。"

无求，谓之知足。

才能在生活里感知一切幸福。

其实，对于女人来说，岁月并不是敌人，自己才是。记得美剧《欲望都市》里面的四个纽约大龄剩女，在熙攘的都市里，历经人生路上的情、色欲，自我寻找与怀疑，寻找真正的爱情和归宿感。

很多人感慨电影版的结局，如《老友记》一样，让人感动的除了她们终于找到了"爱"，还有她们永远没有放弃自己做女人的权利。

虽错过了如花岁月,眼睛却永远有光芒。

而中国很多女人眼里的光,早早就熄了。她们在 20 岁追逐诗与远方,30 岁争职场高低、婆媳对错、婚姻得失,40 岁开始伤悲,50 岁就由了天命,最后被年龄困住,狡辩年龄是场战役,永远在斗争,与自己。

却不知,人间有少年一树花开的绽放,就会有中年的沧海桑田。而心灵只要自由富足淡然接纳,人依旧安静美丽。

这样的人生,才能只生欢喜不生愁。

让情调
住进灵魂里

有人约我在锦江路的餐厅吃饭，他说订了喜来登的餐，还准备了一瓶 1988 年的法国红酒。

我说，不用，找个能喝茶聊天的地方就行了！

他说，那不行，你整天浸在文字里，必定是个有情调的人。

我笑了，情调，好像和钱没有关系吧！它在我心里等同美好于无门慧开禅师的美好："若无闲事挂心头，便是人间好时节。"的确，春花秋月夏荫冬凉都是有情调的事。

只是很多女人在婚后有意无意地牺牲了自己，早已忘掉情调这回事了。其实，它举手投足皆可为之，带了怀旧气息，有些小资做派，又略显矜持！与钱无关，当然有钱更好，因为谁都不会讨厌锦上添花的东西。

那次，久不谋面的好友从国外归来，约我家中吃饭。对于一个单身又在国外飘了多年的女人，我想象不出她做饭的味道，那一定是不带烟火气的。

防止挨饿，我买了新鲜的大樱桃，还有彩芒。

在傍晚推开她的小院。

还好,不是牛油奶酪待客,锅里煲着粥。见了我,她高兴得唱上几句调子,听了就喜欢。她说在国外,自己也会煮粥做饭,因为一个人也要实在地生活。

前些天,朋友圈很多人都在转一篇文章——父母的婚姻败给了兰花里的那点烟灰。家常的夫妻,结婚很多年,却突然要分道扬镳,孩子很不理解,问执意离婚的妈妈,为什么?

母亲说,你爸总喜欢朝我养的兰花里弹烟灰。

文中的她是一个精致女人,就连下楼倒垃圾也要穿得整齐。作为一个在书中泡大的女人我可以理解,婚姻也需要生活品质的提升。

情调可以精致,但绝不能矫情。

有人在不合适里选择了将就与妥协,也有人选择了重新开始,无论哪种都需要勇气,因为一辈子太长……不过,要问问自己有没有选择的资本,当你食不果腹,衣不蔽体时,情调只能在空中飘着,看得见,却摸不到!

立秋那天,下了一场小雨,滴滴答答,就像张爱玲说的:雨水潺潺,像住在溪边。在潮湿的空气里,我翻出去年在成都拍的照片。

那时我飞去探望生了孩子的好友。

她说,眼看那个带着胎毛与膻腥的小东西一天天长成漂亮的小孩,揽在怀里,是一个轻盈、柔软、快乐的肉团。说这话时她的眉宇流露出做了母亲的情怀。

好友很大气。当然,她的经济也匹配她的大气。老公开着一个大公司,为了迎接我,他们在成都最贵的西餐厅订了包间,吃得很咋舌,也很拘谨。我倒很留恋十块钱泡一碗老成都的盖碗茶和三块钱的"伤伤心"凉粉,还有那香得惊心、辣得要命的火锅。

成都不同于帝都的大气和上海的精致。它有一种慵懒,看了又着实惊艳的味道。我不停地用相机拍着宽窄巷子里改造过的院落、青瓦、雕檐、朱雀门,它们渐为岁月所斑驳,但也滤掉了嘈杂,只剩缕缕秋风裹着行人——除了闲,就是静了。

临别前,我说这是一个有情调的城市。

她说,是啊!当初我因为他留下来,但后来却是真心爱上它了。

我信,她一直很有情调,和这座城市很匹配。

而我最惯常的情调,就是收拾自己的小窝儿。除了整洁,还喜欢用鲜花来装扮它。花钱不多,批发市场应有尽有,一束矢车菊或康乃馨,要么用满天星配上洋桔梗,或是三两枝百合,寥寥数枝,不枝不蔓,散落在餐桌、书桌,兴致所来,厨房的玻璃酒瓶也插上一把香菜,都能自成风景。

陈丹燕说过:什么是高品质的生活,就是沦落到只能吃咸菜的地步,也要用漂亮的碟子来装咸菜。

用什么盘子装咸菜,直接决定了某种心情,那是一种愉悦的心理,只有营造了快乐的氛围,才觉得被生活实在地宠爱,哪怕自己宠自己，都是值得的！

再有就是书了，以前没有网购，我喜欢到书店闲逛买回喜欢的书，闲闲地翻，走时包里多了一本书，或厚或薄，背起来却是沉甸甸的欢喜。

也时常流连于旧书摊，一本《霍乱时期的爱情》居然只要3.5元。当然，我只是翻翻它的痕迹，感受马尔克斯书里黏稠的孤独感。

书里不仅仅有拉丁美洲的战争带来的残酷与暴虐，还有费尔明娜的杏核眼和栀子花，佛洛伦蒂诺的小提琴独奏曲，包括信中夹的山茶花也一遍遍地吸引我。

他与那些热衷铺垫和阐述的小说家不同，唠家常一样讲自己的故事，在阳光下，废墟里，战争中，娓娓道来，又絮絮叨叨。

不过，别人看过的，翻翻就行了，买就不用了，我喜欢看书中岁月留下的那抹泛黄的旧痕迹。并跳进一段旧时光猜测，谁会把这样一本书给扔了？它泛着的潮气，成为我最后的记忆。

还有做饭，过去我并不喜欢，但后来为了孩子却练得一手好厨艺。

当然，现在的他已不喜欢我做饭的味道。总嫌弃太清淡、寡味，不够浓烈与辛辣，适合老人与婴儿。

他的意思是说自己长大了。

好吧，开始习惯放辣椒，并翻出从成都带来的朝天椒和麻椒，又大火炝锅，呛得那个惊天动地、辣眼睛，在油烟机的轰鸣下我手忙脚乱，待浓烟散去，我很怀念过去那个没什么心思与挑剔的小孩子。

长大了，总会改变吧！

即使这样，闲时还是喜欢逛菜场，看整齐水灵的柿子椒、西红柿、山药，馋虫就爬了出来，所以总要带一些回家的。

和所有女人一样，我还喜欢买衣服。只是偏爱棉的麻的丝的，宽的肥的长的。

并不是自己胖，我一直瘦，就像雪小禅说的那样——人瘦便有饱满的东西在里面，瘦总是有几分风致的东西，瘦是药引子，可以毒死那些迷恋瘦的人。

我就是那个瘦的人，瘦了就有一种极为清幽的东西在里面。所以就偏爱棉麻这点好处，不用全撑起来，自有一份飘逸。

并不是很在乎美感，只迷失在它简单的颜色、设计，当然还有简单的自己中去而已。

它们的牌子也都格外情调，什么"浪漫一生""梭""无有善见"之类的，若穿在身上，岂不就是《诗经》的句子："匪女之为美，美人之贻。"刚刚好吧！

还有，清风明月，落花满地。

这人间，处处皆情调。秋风起，秋雨落，年年季季、岁岁月月，素然的美，都在心间。

它是"酒杯只在花前坐，酒醒还来花下眠"的慵懒，又是"松风吹解带，山月照弹琴"的悠闲。只要不在尘世里过于麻木，冷静得不像自己，就不会在渴望太深，依恋太浓中迷失。

就如我，随时推开这敲击的文字，去菜场。

在路上，总看到归家的女子手里拎着一把把俗绿，最烟火的东西，总是人间清欢。烛光，小菜，家人，温馨地聚在一起，说着，吃着，连屋檐下的鸟雀都惊飞了。

这散淡如珠的生活，你能说没有情调吗？

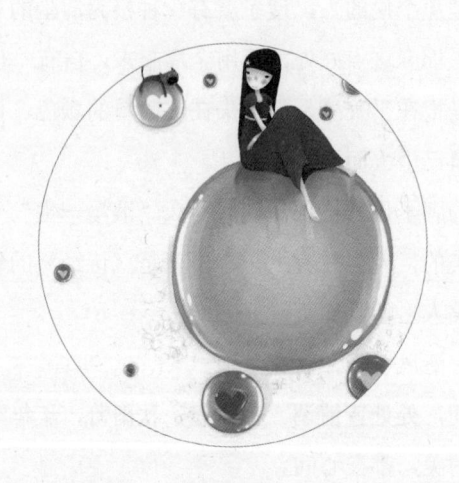

有多少岁月静好，
就有多少颠沛流离

刘小胖从北京回来的第一件事，就要我陪她去医院妇检，因为她准备要二胎了。

我们惊呆：医院里有那么多的病人，妇科六个专家门诊都排到了走廊。我陪她一寸一寸地向里挪，眼角瞟到排在前面一个很时尚的姑娘。

六月的天气她却披着一件米色风衣，长发随意地绾成一个韩氏马尾，有说不出的女人味。刘小胖拉拉我的手嘀咕："Burberry的风衣，大几千块，上次在专柜看了我没舍得买。"

我白了她一眼："你老公现在已身家千万，还需要像村姑一样节俭？"

这时，我听到那姑娘低声要求做人流。

医生例行公事地问："结婚了吗？有孩子吗？"摇头。

"那做过人流吗？"点头。

"几个？"她犹豫了一下，低声说："三个。"

"为什么不要呢？现在做掉很容易，万一以后想要了，怀不上那是一辈子的事儿，因为你的子宫壁应该刮得很薄了，这一次你要想清楚了。"医生提高了音量，语气里有股母亲般的着急。

屋里所有人的目光刷地聚拢在她的身上。姑娘应该感觉到了，艰难地开口说，"想清楚了，这是……最后一次了。"

随后她拿了单子去交费，艰难地从众人的目光穿出去，和我想象的一样，漂亮，年轻，只是脸色苍白，神色萎靡。

刘小胖大概在北京生活久了，性格带着粗犷与利落的一面。

她扭头告诉我："我丫的，真想抽她一巴掌。"

很奇怪，我没有骂她的鲁莽，因为我心里也是这样想的。

经过疗观、问诊一系列的过程后，我坐在长廊里等小胖取单子，意外地听到那位姑娘在长廊一侧打电话。她说："你拿什么养孩子？自己工作都不稳定？你想要我们娘俩陪你流浪啊？"大概对方在电话里乞求什么，她一怒挂了电话。

"她这是对自己的不负责。"刘小胖喃喃道。

一转头，看到她有泪半凝于睫，我知道她想起了颠沛流离的那几年。

小胖的爱情很简单。

她和宋洋是一对情比金坚的校园情侣。毕业时我们都以为他俩肯定流于劳燕分飞。因为他们都是家里唯一的孩子，家分别在一东一西两个城市。

想不到他俩凭三寸不烂之舌做通了两家老人的工作，双双去了梦寐以求的北京。

留下了，却有留下的苦。

她说，比想象中还要苦。过去以为电视里展示北漂太于夸张，经历了才知道生活原来比电视剧更残忍。

初时，两人都没找到工作。宋洋自恃才高，对工作不愿将就。而她临别时曾对父母发了誓不要家里的钱也能养活自己，一切豪言壮语犹在耳边，无法伸手再求助。

她曾告诉过我，永远忘不了那个秋天。

两人身上仅有的钱花光了，连地下室的租金都交不出来，面临断炊搬家的窘地。宋洋虽接到一家公司的面试，却与他的所要有差距，而刘小胖学的冷门，找工作更不容易。

那天，两个闲人一天没钱吃饭闲逛，实在逛不动了，就坐在桂花树下。风动，一阵一阵的香气。

两个挨饿的人傻傻地嗅着桂花香。

她忽然咽了下口水，说"桂花做成的糕点一定很好吃吧"。宋洋一下子哭了，搂着她说"对不起"。

她也哭着说："没关系，现在年轻，我愿意陪你颠沛流离，年纪大了，就不一定哦。"

宋洋呜咽地点头，擦干眼泪说，我去面试。

她担心他为了自己受委屈，他说："我是委屈，但让你受苦我更难受，趁年轻，还是先赚点钱再跳槽。"

她流着泪笑。

慢慢地，竟有了起色。宋洋并没有跳槽，由于他能吃苦，专业拔尖，在公司里遇到了赏识他的人，很快升职。

而小胖也找到了工作，生活渐渐稳定。一年后，宋洋却突然被委派到另一个城市开发新项目并独当一面，这是对他能力的肯定。他向往，却又不舍得留她一个人在陌生的城市。

她利落地说："你在哪，我就在哪。"

那一站是杭州"山寺月中寻桂子，群亭枕上看潮头"。她说："亲爱的，年少时读这几句，一直不明白，到了杭州我才知道，我愿意陪他来。"

很快，她爱上了这座城市，并在租房附近找了一份临时性的工作。

她逐渐被那座城里的西湖清水、百年梧桐、小巷旧街所俘获。

一年后，宋洋又被外派到另一座城市。

他歉意地拥着她，吞吐地说出来。这次她却利落地变卖、拖运、打包行李，对他说："你去哪我去哪。"

那一站是厦门。

这时，宋洋的薪水已不需用她出去工作了，所以她有了一段可以浪费的好时光，刚好怀上了第一个孩子。他上班时，她并不贪恋睡眠，她看书，学画和烹饪。

闲下来时，宋洋会带她去听鼓浪屿的琴声，嗅着海水的咸湿，闻着老房子散发的旧光阴味道，慵懒迷人。她也会在宋洋没有应酬的晚上尽心为他烹制喜欢的菜肴，糖醋鱼、菜肉馄饨都成了她的拿手好菜。

后来，在那个行业做久的宋洋，禁不住两位留京同学的蓝图美景鼓动，想跳槽单干，而那时他已在公司顺利地坐到了重要的位置。

离职，意味着一切从头再来。

彼时，除了没有工作的她，还有一个两岁的孩子，他忐忑开口。这一次，她没有贸然答应，看着怀里嗷嗷待哺的孩子，她不忍心让孩子陪着大人一起颠沛流离，一夜辗转未眠，看着左右为难的丈夫，她说："我陪你。"

他眼圈泛红，说有幸得此善解人意的妻子。

她说那时我想到一个词，叫"愿赌服输"，人们常说"输"是一个悲伤的字眼，可我不觉得，我愿意陪他去赌。人生何尝不是一个赌局？小胖在赌他的梦想能撑过现实，不赌又怎样？那是宋洋的躁动，因为他一直是个有事业心的男人，也许努力不代表有结果，可是她愿意陪他，陪他做人生的掌舵者，随从内心去满世界闯荡。

也许未来别人只看见他的成就辉煌，看不到她在身后的陪伴支撑，这些都没关系。只要未来不是"想起一生中后悔的事，梅花便落满了南山"。小胖不想后悔。

决定是对的，他们很快做得风生水起，公司预计再过几年就可以上市了。而她这次陪他回家乡实地考察，趁机调养身体，想再要一个孩子。

宋洋仍是当初那个爱她的男人，在家乡的接风宴上的许多艳羡的目光里说:"亲爱的,感谢你这么多年陪着我东奔西颠。"

她俏皮地说:"亲爱的,谢谢你给了我如今的岁月静好。"

记起那段话:你进,我陪你出生入死;你退,我陪你颐养天年;你输,我陪你东山再起,你赢,我陪你君临天下。

有人想过好日子,又欺少年穷。

不愿意打破原有的宁静,害怕降低质量,担心外界非议的眼光……却又贪恋爱情的温度,在彷徨犹豫中拉扯情感,等到少年愤而转身,有一天功成名就,她还委屈,为什么当初对方就没有坚持爱自己?

却不知,真正的幸福,就是我想和你岁月静好,也愿陪你颠沛流离。

很想告诉那位姑娘,在最好的年纪爱最好的少年,少时比肩而立,暮时才能共朝夕。

这样在情根深种、陌上扬马时,那种覆了天下的未来才不会空留遗憾!

玫瑰
不问为什么

不可否认，青春是个好东西。

这是我在一次分享会上见到妖妖时涌上心头的一句话，这个生于 1996 年的算心师，早已红遍了网络。

尤其在这个初夏，阳光像一床巨大的柔软的被子覆盖过来，裹挟着花粉的风吹向站在台上的她的娇嫩肌肤，樱花探进窗子映着她满月的脸，更是明眸皓齿，温婉动人。

她在台上一句喊，我有些紧张。

台下的人齐齐大喊，没关系，不要紧张。如父母般殷殷切切。

新生、稚嫩，看起来还是个孩子，是所有成年人眼里需要保护的孩子。就这样一个女孩，短短三个月内将公众号的粉丝从零到十万加，摇身成了新生代的网红。

只是关注了她之后才发现这是一个另类、新潮、时尚与非主流的女孩。

爱情与性成了主题，套路与文身成了常客，拜金与奢侈改刷三观。语气娴熟套路，描白又不乏稚嫩青涩，就像一个七八岁的小女孩急于长大，偷偷地穿了妈妈的高跟鞋、悄悄涂了口红是一样的！她的语言犀利，带了一种语不惊人死不休的明媚，不过，天真也好，扮成熟也罢，才，她却是真有！

我曾看到有读者在她的评论区留言："恕我直言，你的文章仅仅适合 17 岁以下的妹子，期待多元化。"

她回复："恕我直言，你并没看出来我写的到底是啥！"

还有更犀利的："取关了，很喜欢你，但你太年轻，不懂进退，我善意地提醒你……不要太露锋芒，否则你的文字就会像 CK 沉珂，多年后你会后悔的，姑娘要记得永远给自己留点后路。"

她回复："各抒己见，我在主流上是三观不正的人，但喜欢我的只要和我三观一样就行，从不想做好女孩，只做小混蛋。"

语气坦诚自负，更文依旧如此。

明明是个好女孩，却故意拍出红唇鼻环，做出吸毒约炮的样子，有人说这是她的个性，也有人说她标新立异。我宁愿相信后者，在这个以异和新出彩的年代，这样做才能脱颖而出。新鲜的血液里没那么多顾忌，我就是我，只想成为不一样的烟火而已。我却看到她那颗着急的心，带着迫不及待，在那张没来得及被磨去棱角的小脸上急切地显示——我要长大。

虽然张爱玲说过，出名要趁早。

但是，因少年成名而过早丢掉的天真，难免轻狂了些。倒不如葆有真性情，昂首挺胸，待真正有了底气后再下笔有力，才能风情万种。

古老而悠远的西里西亚有一句俗话:"玫瑰不问为什么。花儿的秘密在于此。"

一株花在成长中,默默吐露花苞后并将自己紧紧裹住,它不急于成熟,不急于招摇,只是让自己更深地层层叠叠。只有这份紧闭的缄默才可以让自己在紧到极致时怦然绽放,配得上开到荼蘼。倘若过早地松散花苞,必然没有力气开出娇艳的花朵。宛如每一个女孩,在岁月刚好时才可以花开一树,倾国倾城。

飞奔太快,难免恐惧,过来人都知道。

九月里的一场读书会。

参会里有一位姑娘,嘴巴很甜,笑容很美,据说是某报的财经记者。对所有人都礼貌有加,见了谁都鞠个躬,一口一个老师地叫,包括对我。叫得我心尖儿发颤,却无比受用。她从一堆人穿过另一堆人,谦和懂事。我身边的珊直感慨自己在她这个年纪见了领导都绕着墙根走,根本不及她的温文尔雅与落落大方,同感!

后来的聚餐,她捧着高脚杯跟在主办方的身后,拿着手机加遍每个人的微信,回来后手里握着一沓名片。

临散场,忽然听到她在人堆里惊叫:"糟了,我刚才和那个大咖加错微信了!"她指那个前不久因某部剧火透全国的新生代编剧。

她身旁的小姑娘问道:"你有几个微信号啊?"

"两个啊,一般人加的里面有微商,刚才忘记换过来了,那个大咖会不会因为我是微商而删了我？"远远瞧过去她一脸担忧。

会场气氛忽然变得微妙而尴尬。

我发现周围有几个人和我一样默默低下头，打开一直没来得及看的朋友圈，找到她的，果然，刚才被加的那个号有微商刷屏。

毫不犹豫地，我拉黑了她，并不因为她做微商，而是她太世故，世故得连加好友都择人而栖！

青春不需要太世故，就像中年人依然做出一副很傻很天真的模样，并不呆萌，只会显得矫情、愚蠢是一样的。

我喜欢她还带着青春气息的长袖善舞。但表演过度的年轻人就像被打了催熟剂的果子，外面诱人好看，吃进嘴里却因催熟过量而索然无味。

青春，是一件美好的东西！

永远让过来人怀念它的率真、坦荡，它的想哭就哭，想笑就笑的自由，即使偶尔犯了错，也会因为太年轻而被原谅。

出差的那天下午，我借着酒店的 Wi-Fi 刷屏时，发现微信提示有新朋友求加入，点开看是两个月前被我删除的一位发小。

本来我想忽略，不料手滑点了同意，手滑，你懂的！

瞬间，他发了一个笑脸过来，哈哈，终于加上了，谢谢！

我说，你怎么又加我啊，早干吗去了？

几个月前，我们曾因某件事的观点发生争执，就一言不合删了他，不过删之前我也提醒了他，内心希望他挽留一下自己，结果没动静，一怒之下就将他删了。

他说，天地良心，你秒删我时我正开会，晚上回复你又不通过，再说了，我很少玩微信，难免回复得慢，朋友圈里也只有你们寥寥好友，别任性了，以后。

发小在省城，是一家公司的老总，平时总在出差或去出差的路上，我们的交集并不多，但是闲下来很能聊得来。

那天他得知我下午从外地回来，直接一个电话安排我家先生不要专程接我了，他开会路过将我从高铁站捎回去。

后来，我才知道他的顺捎是从邻市绕过来，多跑了两个小时的高速才接到我，又安全将我送回，心里很感动。他说这有什么，以后别随意删我就行了。

那可不一定，我坏笑，心里却暖暖的。

半生浮世，透过岁月我总能看到那个年代白衬衫的干净、眼神的纯真，长发飘飞、笑容轻扬。窗外，有阳光照进来，偷偷在板报上写下喜欢的小语，放学后在操场边捧起冰棒和汽水，凉到透心。还有那蓝到通透的天，就连毕业时的那场分离，每想起一次，眼泪都会忘记掉下来。

却不得不承认，最美好的梦，都被锁进了时光的抽屉，当我们被生活打磨得成熟优雅，带着沧桑，还有几分世故，却发现最怀念的仍是年轻时的真性情。

就像记不清某部书里的一句话——那份呐喊、彷徨、冲动、无畏的样子，它是永远长不完的青春痘，未说完的话，结束的课和已模糊的脸。

有一场宫廷戏，每个人都分泌着毒液，只有那个娇俏坦率的淳儿，带着娇憨与天真。她的快乐来于本性，就连无知也带着青春的懵懂无畏。

有人嫌弃她太过单纯而遭遇不测，是蠢。也有人说："子非鱼，焉之鱼之乐？"无论怎样，她的存在无异于整部戏里的一股清流。

电影《年轻气盛》里，除了可以看到不尽如人意的婚姻，过气后的落寞，老年的迟暮以及年轻的勇气，还有一个镜头深得我心，弗雷德坐在一个树桩上，本来在为逝去的老友米克而伤感，但看到远处有一位跳伞的年轻人降落到地面时，嘴里嚷嚷着："这不是我应该降落的地方。"

他突然就笑了，微微的。

这是所有年老者在看到年轻人犯蠢犯萌时情不自禁地流露的笑容。因为他知道这人和他曾经的青春一样，充满鲁莽与冲动，一切都可以原谅。

很喜欢博尔赫斯的一句话——"死了，就像水消失在水中。"

其实，青春也一样，甚至等不及你看清它的样子，倏地不见了！

所以，别急着成长，耐着性子，按喜欢的方式在风雨中不虚度、不遗憾。

一定会在未来长成你期待的模样。

昼颜：
花开夜，欲落晨

前阵子，网络有个热点，一直居高不下。

本来想无视，但他们太有名，且出名的方式又这样大众，一场风流韵事，嗨翻了数亿的中国人，且高潮一直不退。

明星王宝强的老婆出轨了经纪人宋喆，舆论几乎一边倒，马蓉和宋喆成了人人喊打的过街老鼠，狼狈不堪。

所有宝宝粉恨不得分分钟将他们挫骨扬灰，围攻堵截后再碎尸万段，这场出轨事件和中国大多数的婚外恋一样，最终由过错方买单。

只是沸扬的网络里，一系列的命题横空出世。什么"外形不般配的婚姻，谁高攀了谁""王宝强离婚，比所有人都瞧不起你的难受，是所有人都同情你""宝宝离婚，出了轨的婚姻还能不能走下去"。

……

纷纷扰扰，乱人耳目。两个成年人，蔑视责任与原则，追求婚外自由，无论爱多么堂而皇之，实则都低劣廉价，当然，除了宋喆的挖墙脚，马蓉更是千夫所指，空前热闹。

其实说到底，都是婚内道德引发的。

缔结一场婚姻，是男女双方以永久共同生活为目的，以权利义务相结合。一旦走进婚姻殿堂，两人就承担了责任和义务，应当彼此忠诚、尊重与包容，并且执手相依，涉渡风雨，不离不弃。

就像婚礼仪式上，每个庄重的环节，新婚的人，盛装而出，虔诚地回答神父或司仪的问题："你愿意娶（嫁）这位女士（男士）为妻（夫）吗？不管贫穷、富有，不管健康、疾病，爱她（他）、忠于她（他），直到死亡来将你们分离。你愿意吗？"

愿意。

当然，这一切必须有爱情作基础。

他们一定也有过爱情吧，无论那时是建立在美色的初衷，还是金钱的功利，在这个风吹雨打的世界里，他们曾拥有过一个完整的家。只是世事难料，当枕边人化为贼，偷心偷情偷钱，受害者难免不以发怒的方式，来捍卫自己的权利。

看福楼拜的《包法利夫人》，里面那个被妻子戴了绿帽的包法利医生，在知道真相后，他没有口出恶言，反而将所有家产卖尽，帮妻子偿还债务，悲苦交加，独自度日。许多年以后，他在街上遇见当年的情敌，他也只是说："错的是命。"

那毕竟是小说，我们这些普通的吃瓜观众并不会有如此雅量，感情受伤了，注定要以牙还牙来羞辱、报复那个中途离开的人。

国民怪马蓉太贪婪，她背弃了婚姻的初衷，誓言还在时光的末梢,就成了一场欺人、隆重、华美的幻觉。所以她在婚姻里除了不贞,而且无德。

贪婪就是一个人的囚笼,她囚禁了自己,用下半身的行为囚禁了自己的下半辈子。

墙垣虽有隔,风月却无边。

有人说马蓉是千夫所指的"昼颜妻"。昼颜,一种花,俗称"打碗碗花",它只争朝夕,立于阳光下必败。

它还有另一个说法,就是"危险的幸福,人妻的白昼情事。"是指那些傍着大款老公的贵妇,虽拥有俗世的幸福,却还欲求不满,没有道德地背叛婚姻的女人。

这曾是日本很流行的词汇,是 DRESS 杂志主编山本由树创造的,缘于一部女性电视剧《昼颜》。

剧中的女二号利佳子,她的老公是一位主编,有钱人。只是这位在外衣冠楚楚的 boss,回家后对妻子习惯颐指气使,即使她病了,他也视而不见,没有温情地使唤她。

"去,给我倒一杯咖啡。"

孩子看不过,说:"爸爸,妈妈生病了,她需要休息,她不是你的保姆。"

是的,保姆,在他们的婚姻里,他只把她当作一个美丽的花瓶、性爱伙伴、照料孩子的保姆。而利佳子也厌倦了永远拿着丈夫的信用卡副卡,被丈夫没收手机,只有在丈夫办派对时才被拖出来秀恩爱,他们之间,看不到感情,只存在一种养与被养的关系，没有平衡感，很难活下去。

在这样的婚姻里，利佳子如同一条缺水的鱼，一只笼里的雀，快要缺氧窒息而死。

画家加藤来到她家，为她画画，将她绘成了一个活生生的女人，她的心一下子被触动，他仿佛给她带来了新鲜的氧气，爱一下扑面而来。

画里的她，瞪着红色的眼睛——他看透了她在婚姻里的愤怒与不满；流着黄色的眼泪——他了解她的心情抑郁；却试图在外人面前保持平静，所以他将她的鼻子涂上了宁静的绿色。

这幅画让利佳子爱上了他。因为，在他面前，她有了价值，却忘了自己已身为人妻。

片子拍得很美，甚至将两段出轨的恋情都表现得很纯，却又故意丑化了出轨的婚姻，在最后东窗事发时，两边都在用生命开撕。这是导演的另一个伏笔，他给她们的出轨找了理由，却警戒出轨怎会是重生的大道呢？

很多人意识不到婚姻需要维护，它像一台机器，也会老化，坏掉，里面的人难免厌烦与嫌弃，却又懒得弃之不用，换新的成本高啊，借了外面的用用就还，却不料我们国情对于婚姻的外壳看得厚重而神圣。不爱了，可以离婚，国民崇尚婚姻自由，但有些人顾着食无味、弃可惜的婚姻，又念着自身追求激情的欲望，于是就有了道德沦陷。

· 婚姻的受伤，让很多人破败。

是啊，本来是缔结一生，那么美好的事情有人中途开了小差，还有没有真爱？

当然有，那些相伴一生又白头偕老的爱侣，比如文坛伉俪钱钟书和杨绛心心相印的一生，被国人奉为婚姻的典范。

冰心和吴文藻的相濡以沫，令世人膜拜。

沈从文与张兆和的唯美踏实，流传百世。

陈寅恪与唐筼的一见钟情，令人难忘。

所以，不是这世上没长情，而是长情的人太少。《飘》中的白瑞德说过的一段话让人感同身受："思嘉，我从来不是那样的人，不能耐心地拾起一片碎片，把它们凑合在一起，然后自己尽心修好了，东西跟新的完全一样。一样东西破碎了就是破碎了，我宁愿记住它最好时的模样，而不是想把它修补好，然后终生看着那些碎了的地方。"

所以，如果不爱了，选择分手，一别两宽后，各自安好，也就不再有那么桎梏难熬。永远不要伤害身边曾经爱过的人，因为对于爱过的人来说，太残忍！

你的安全感，
谁愿意给？

那天，我路过一家熟悉的水果超市，寻思着进去挑些新鲜的水果。

刚好听到老板娘夫妇在吵架，老板娘很彪悍，有着闯荡江湖多年的老辣和得理不饶人的厉害，一句接一句地数落："你天天出去，我知道你干吗去了，每天回来那么晚？"

老板看起来气焰就低了很多，"不就和几个朋友喝个酒吗？至于说这些吗？"

"喝个酒？"她的声音陡地提高了八度，"上次不也说喝酒去了吗？最后怎么去了洗脚房？"

"我能干什么呀？钱都在你那儿，我还能干什么？"

"我去，别以为你那点小心思我不知道啊！"

你一句，我一句，路人算是听明白了：一个想自由，拼命逃窜家门；另一个却想控制，我偏不让你出去。

俗话说得好，旁观者清。说到底，老板娘缺乏一种安全感：谁知道你天天晚上干什么去了？喝个酒你都能喝到洗脚房，还要我怎么信任你？

这样的例子，我曾听同事们笑谈过。

她家的一位亲戚是个领导，有点小权力，又喜欢拈花惹草，尤其喜欢唱歌跳舞，老婆在抓住了三两次猫腻后，不放心啊，开始管得严，每天排除没必要的应酬早早回家。当官的都希望后院不要起火，所以安分了几天，就抓耳挠腮，不过"上有政策"就"下有对策"。他就每天等到她睡着了，拎着鞋光着脚从卧室跑出去赶夜场。

后来他的官越做越大，老婆越来越没安全感，开会、学习、接待，各种冠冕堂皇的借口成了晚归的理由。最后老婆活生生地将自己闷出了癌症，治了几年，撒手而去。那个男人捶胸顿足"对不起你"，引人泪奔，转过身不过三个月，另娶他人，旧人在哪？

真真是 夫婿轻薄儿，新人美如玉，但见新人笑，哪忆旧人影？

说来说去，谁动了婚姻的痛点，谁就不讲规则。自由给你，但安全感你必须给我。

时常听到身边的女性们抱怨，自己在感情里没有安全感。

他天天晚归，谁知道在外面干什么去了？

电话不接，短信不回，为什么？

要接个孩子都能忘了，你说那脑子里天天想什么？

……

焦虑、猜测、不安、彷徨，让婚姻里的女人每天疑神疑鬼的，跟踪、盘问、翻手机，搞得对方如负重荷，想不通婚前挺善解人意的姑娘，怎么婚后如此不可理喻？却不知女人生性敏感，又心细如发，一颗心容易受伤，难免一点风吹草动就让她们如临大敌。

都是安全感惹的祸。而女人对安全感的需求又表现得比男人更明显一些。

安全感是什么？

当然是彼此在婚姻里给予的尊重和信任，还有爱与体贴。它不能因为两个人之间的关系落了地，就不需要爱了。

《红楼梦》里，就是个缩影版的小社会。形形色色的人物里，要数林黛玉的不安全感最重，即使他和宝玉的感情再好，也处处使小性子，试图激怒宝玉，力刷存在感，总以这种比较极端的方式来表达爱，想试试他最终会不会讨厌自己。

这和现在很多女孩子对待感情的方式是一样的，总想以一些由头来吵架，光凭自己单方面的追问和确定还不算数，还需要对方的表白、承诺和发誓，从中获得安全感。

黛玉常说，如果得不到爱情，还不如死了。

而宝玉最经常的安慰是：你死了，我做和尚。结果一语成谶，美人逝，他做了和尚，黛玉大概到死也料不到自己在他心里的地位如此之重吧。

后人说因为黛玉家境破落、寄人篱下才落此境地的，当然有此因素。安全感离不开誓言、表白，但真正的安全来自男人的责任心与女人内心的笃定。

有一句话，"好的爱情，发生在两个聪明人之间"，同理，

"好的婚姻,发生在两个聪明人之间"。

结婚很容易,难得是把日子过好。而过日子,看的是人品。男人越有责任,女人越踏实;男人越体贴,女人越温柔;男人越上进,女人越努力。

读者群里,有一个做微商的姑娘,家里的经济条件很好。老公开着个小公司,虽不是大富大贵,却也衣食无忧,且公司一直呈稳步发展状态。只是丈夫越来越喜欢晚归,回家后话也很少,有时候两人交流为零,偶尔吵架,老公也会说,有本事你也养我啊!

她嗅到了不安全的因素,没有自怨自艾,没有作天作地,却也没有闲着。她思忖良久想做微商,老公说她瞎折腾,说微商都是骗人的,你只要把孩子带好就行了。

她不甘心在家里做个怨妇,选好信得过的产品,背着老公偷偷地签了个初级的经销商。开始他知道了很生气,说没少你吃少你喝,干吗非要干这个?

她说为了安全感。

开始真是难,孩子才两岁,是处处需要人看护的阶段。于是她就等他熟睡后再研究学习。难的是当了两年的全职妈妈,交际圈已变得很小了,朋友圈里除了晒娃,几乎没有人脉。很多熟人、朋友得知她做了微商都屏蔽了她,有没屏蔽地对她发出的链接视而不见。她自发地勾搭那些微商群,和她们互推,再加上她的耐心和能吃苦,慢慢地换来了利润,一年后,她签了产品的高级经销权。

眼看她做得越来越好，老公的态度转变很快，除了在经济上支持她，家务也开始主动，也主动带娃，不再像个爷似的到处嚣张了。

她说，女人赚钱不仅为了独立，还有尊严，而给了自己安全感的婚姻，绝不会让女人失去自我，反而在婚姻里变得更加自信与从容。

她是个聪明的姑娘，在这个压力越来越大，诱惑越来越多的社会，她积极地改变自己。

现在很多人提倡女人要精神与经济独立，这样才能给自己带来安全感；甚至说黛玉若生在现代，她倾城的美丽和一定的经济能力，再加上惊人的才情，卓然立于现世，想必不会患得患失了。

有些女权主义者说，安全感是自己给的。话并不是绝对的，却也不完全错，它至少不会让女人在婚变来临时流落街头；不过女人再有能力、知书达理，如果男人不配合，那也没用。反之，那些在婚姻里感觉无趣的女人，将所有责任推卸到男人身上，也算是奇葩了。

因为女人的独立能带来上乘的婚姻，却带不来完美；男人的优秀能带来高质量的婚姻，却带不来无缺，完美的婚姻是需要两个人用心来经营。

胡兰成的花心最终没给张爱玲带来安全感，两人虽曾海枯石烂，最终却劳燕分飞；徐悲鸿的冷淡疏离，才令他和蒋碧薇的山盟海誓，终于一别两宽；杨骚的荒唐离奇，令白薇与君曾相知，最终长命与君绝。

一段没有安全感的感情，或许不会立刻解体，但是时间久了会出现松动，变得摇摇欲坠，最终土崩瓦解。

周国平老师说，男人和女人相爱，不管恋爱的过程是风起云涌，还是波澜不惊，都只是序幕。直到两个人组建了一个家，正剧才开始。

那么，这个剧是悲剧还是喜剧，取决于里面的两个人。

要有足够的耐心与责任心，宽容与道义，两个人互相取暖，才能保证自己有温度。再做喜欢的事，看想看的书，爱热爱的东西，日子再一天天过下去，最终都会找到属于自己的节奏，从此，生活就再也无法轻易地击倒你！

一直坚信不疑！

有些遗憾，
别成永远

一

前些天一位朋友的奶奶去世，距他爷爷离世不到一年，却发现他没有那么悲伤，要知道他是奶奶带大的孩子，想想一年前爷爷去世时，他扑在灵前悲恸大哭，惊天动地。

这一次虽面有忧戚，却并没那么难过。

后来，才听他提及隐情。

爷爷奶奶一辈子感情很好，待在老家从未分开过，只是爷爷在80岁那年突然身患重病，从患病到死亡整整一个月都待在医院里，奶奶的腿不好，无法去医院探望，每天就是拉着回家的儿孙们问及情况，开始都还耐心地告诉她今天用了什么药，爷爷吃了多少饭，让老人放心。

只是后来病情越来越严重，医院已几次下了病危通知书，孩子们顾左右而言他："快了，快了，下周就能出院了。"

直到最后一刻，老人也没见到对方。

后来，办完丧事。爷爷的身份证与户口本需要去派出所注销，奶奶舍不得，小心翼翼地问孙儿："能不能别收回去，给奶奶留个念想，最后我怎么就没和老头子见上一面呢？"

朋友听了很难过，说那件事成了他心里的一大遗憾。是啊，怎么就没带奶奶去医院见爷爷一面，哪怕是一路背过去。要知道晚年的奶奶瘦的只有八、九十斤，为什么就没人能考虑老人当时的心情呢？

这次他打算为奶奶做一件事，向注销户口的工作人员请求，还好，那位姑娘没有收回，只是将右下角剪掉算是作废了，然后他还给了奶奶，她像宝贝似的收着，一直到去世。

在一起时怎样都行，即使错了也有机会弥补，一旦对方先离去，遗憾会扩大，直到占满另一个人的未来。

二

初冬，小凡的小姨从北京回来，和她的母亲形影不离。

每天絮叨着陈年旧事，母亲从小姨淘气到作为长姐怎样带大她。就是每天早餐时给小姨做手擀面。因为母亲的腰不好，擀面很吃力，每次小凡看到她擀面时满头大汗的样子很心疼，内心甚至希望小姨快快回去。

甚至抱怨说买包子不行吗？

母亲说,你小姨就喜欢这一口,这么多年才吃上这一回。

很快,一周的相守飞快。到机场送别的时候,母亲拉着小姨的手不松开,小凡说现在交通方便的很,想见很快就能见到,至于吗您?

母亲说:"不容易了,你小姨都是退休的人了。见一面少一面啊。记得她小时候我还因为她淘气打过她,现在想想真是难过。"说着抹起了泪。

小姨当年远嫁,母亲又不能长途坐车,总是隔了几年才能团聚一次,一不小心,老人在来回的岁月里双双白了头。可是时光不会倒流,只能选择珍惜当下,在一起时就好好疼她,哪怕只是亲手为她做一碗手擀面。

遗憾是人生的永恒命题,虽然很多人说不完满的才是人生,但那些能弥补的爱好得过回首时的懊恼吧。

三

三毛写过一篇文章,许多年前在大西洋小岛度日的她,曾和荷西有过一段经济拮据的日子,因为那时荷西失业将近一年了,且求职连续被拒,虽然没到山穷水尽,存款却也仅够维持生活。

某天,两人去菜场,三毛挑最便宜的冷冻排骨和矿泉水,一转身却发现匆匆赶来的荷西手里捧着一小把百合花,兴冲冲地递给她。

那一刹那,她却失了控,对着丈夫叫起来:"什么时间了?什么经济能力?你有没有分寸,还去买花?"说完将那束百合"啪"地丢在地上,剩下荷西待在原地。

三毛立刻知道错了,奔过来对他说,对不起。两人拥抱时才发现彼此红了眼眶。

她知道那一次,是自己的浅浮和急躁伤害了他,后来他们再也没有提那件事。

但是多年后,三毛去给荷西上坟,抱了一大束的百合花,坐在坟前,内心是苦涩的,她忘不了那件事,尤其是爱人离去之后。

她写道,在丈夫去世的七年后,又到了百合上市的季节,看到它们,立刻就看见当年丈夫弯腰去地上拾花的景象。虽然不再有泪,但她的胃,却开始剧痛起来。

《少年派》里说:"人生就是不断地放下,但最遗憾的是我们来不及好好地告别。在一起时善待彼此,就是好好地告别了。"

三毛深爱荷西,却从未料到缘分会在几年后戛然而止,那一幕成了她心头的痛。

四

年末时,很多做公众号的文友都写了年末总结,我看到除了那些已取了骄人成绩的自勉,大多都写成了遗憾。

有一位姑娘说她在2016年最遗憾的是舍弃了一个深爱自己

3年的人，去追一个她爱了5年的人，到最后才发现对于不爱自己的人无论怎样努力都没用。忽然发现最好的是那个被自己拒绝无数次的人，她想回头时，才发现他身边已有了另外的女孩，原来一旦错过，就是错过了他的全世界。

有时就是这样，你爱我时我可能不爱你，我爱时你又爱上了别人。

另一位文友，遗憾外婆离开时，自己因为工作繁忙没能回家送别。

有人为年初订下的看书计划、减肥计划没有成功而遗憾。

有人为错过了一场旅行而遗憾。

也有人为微信拉黑的朋友遗憾。

……

有一句台词："这世间所有的遗憾，都是没有好好说再见。"是的，其实只要在一起时，好好相待，再用心相爱。哪怕有一天真的成了过去，也为曾有过的一份温暖牵挂而不留遗憾。

趁身不老，颜还俏，心未枯。

珍惜和爱人、家人、朋友在一起的时光，并温柔以待。

守住初心，
才能将生活过成诗

守住初心，才能将生活过成诗
岁月长长，有谁在等你
愿你像妖精一样，不动声色地老去
若无其事，待清风自来
怎样的生活，我们都要波澜不惊地过下去
好好爱，废墟也能开花
亲爱的，请不要挑剔我
两人不嫌弃，一人不孤单
爱和悲悯，是我无垠的幸福
我爱你的方式，就是想和你说很多很多的话

第四章

守住初心，
才能将生活过成诗

有人说，人生毫无意义，每天就是翻朋友圈，看电视剧，上班混日子，下班带孩子，不知怎的，过着过着就变了味。

我知道她有稳定的收入，工作清闲，老公听话，孩子省心，每天在单位混够打卡的时间，下班时捎点小菜、零食，晚饭后再到附近的公园转上几圈，回家冲个热水澡倒头睡到天亮，再不济追某个热点剧，第二天同办公室的人交流到眉飞色舞，还有就是娱乐圈谁和谁好了，生活中谁和谁不好了。

……

很多人如此！再舒适、再闲淡的日子过多了，也会寡淡啊！

她说有一天忽然觉得自己到了谈爱已老、谈死还早的尴尬年纪，日子过得浑噩，这种一眼望得到头的人生，真没什么意思。

我说，你可以读读书。

她说，心静不下来啊。

我说，还可以去旅行。

她说，家里老的小的离不开。

我说，那么就去健身。

她说，我不喜欢健身房，我每晚遛完圈都去看看人家跳广场舞。

我笑了，生活中总有一些人，喜欢扎堆热闹、喜欢热门新潮，和别人在一起莫名兴奋，独处时又空虚无聊，没有爱好，没有梦想，无论你说些什么，他们都会轻叹一声，不喜欢啊。

我隔着屏幕都能感到她的内心荒芜到长草。

人的本性都是慵懒和胆怯的，大多数人没有勇气去追求那些未知的美好，人又是贪婪的，再繁忙、再困窘也会在苟且中幻想远方。谁说过，"我们本想把日子过成诗，简单而精致，却不料把日子过成某些人的歌，不靠谱，不着调"？

不同的是，有人感叹生活无非是苟且后她们再继续苟且，而有的人却把俗常的日子过成了诗。

我记起了薇珊。

薇珊是她的网名，很早我们相识于"榕树下"文学网站，那时博客相册里的她，年轻，好看，长发，清秀，这样的女子本该是仙衣缓缓地优雅地坐在写字楼里。可薇珊，却有过一段悲苦的过去。

高考前她曾为痴迷写小说而意外失分，心有不甘，人又倔，在半夜时偷偷离家，被家人追至火车站扛回。从此她将自己关在房间里足不出户，发现时已精神恍惚，原来她焦虑之下患上了抑郁症，她记得，那时母亲常常抱着她哭。

后来经过心理及药物治疗慢慢恢复,第二年读了护校,毕业后阴差阳错地进了安康医院做护士。安康医院实则是一所精神病院,那一群情绪偏执、焦躁、疯狂又歇斯底里的人,想想就可怕,何况是整日面对与接触?

患者的偏执、人性的脆弱和曾有的经历让她善待每一位病人,又因为对生活太多感悟找不到出口,她重拾了笔,在文字里记录起人间的悲苦和那一群有特殊情绪的人。

那时她的博客签名是:"寒日萧萧上琐窗,梧桐应恨夜来霜。"文字圈里人的文字大都是咏风月情,叹红尘意!只有她的文字充满了哀哀悲鸣,迷茫四顾。

因她对文字过度痴迷,不分昼夜地写作,初恋离开了她。

日复一日,纠结后反而坦然,她的坚持引来了读者的共鸣,先后开通博客与微博、知乎、豆瓣,又转战一个又一个公众平台。只有文字知道她曾怎样在暗夜里神伤,呜咽悲鸣,诗不成行,泪成双,却终究走了过去。

时光如急水,浮生若幻梦。

她越来越好,写作聚拢了数十万粉丝,引来出版社联系她出书。我见她,是在她第二本书的见面会上,我受邀去了她的城市。

初见,却毫无违和感。

做了母亲的她依然美,笑容恬淡,举手投足散发出好女人的光芒。我们促膝深谈,她告诉我生命太短,有人离开我,有人喜欢我,而我能熬过那段时光,除了守住一个孤独而安静的灵魂,就是不停地读书，写字，等待和一个人相遇，也给了自己一段柔软时光，我始终知道有怎样的自己，才能吸引怎样的灵魂。

我都知道。

抬眼处她眼底折射着幸福。她说，现在没有过去那么拼了，我会用心地给家人做一顿早餐，然后上班，写作，陪伴家人，善待自己。再回头看过去所有的苦都成了甜蜜。

"滚滚红尘，日日是好日。"这是佛说的啊，我强调。

那一刻，她满心欢喜，唇角上扬。

她，就是这样，无论生活给予了什么，都能笑着接受，坦然处之，不埋怨不颓废，带着阳光一路向前走，好比香料，捣得愈碎，磨得越粉，香得愈浓烈。

比如，那个蜡像在四月入驻上海杜莎夫人蜡像馆的刘嘉玲。

这个女人，30多岁因为待嫁被冠上了"剩女"的标签；经历黑帮绑架的丑闻，40多岁除了拍戏，又巧妙投资成就了31亿的身家；还拥有了一份美好的爱情，无论世人怎样告急她婚姻里的流言蜚语，而每每出现在公众面前的两人，都是十指紧扣，四目含情的恩爱。

在她49岁的生日宴上，美人如初，良人依旧，"一衣一人伴一生"的初心羡煞他人。50多岁的年纪，当年很多与她一同出道的女演员要么被岁月摧残变形，要么靠医疗留住青春，唯有她无比优雅地在岁月里悠然而行。

过去，我对她谈不上喜欢，偶尔看到她谈起当年的视频，她平静地说:"若是阮玲玉,早已死去一百次了,我是刘嘉玲,我会活得更好。"

自信,明媚,坚强的大女人。这个已经51岁的女人,在真人秀里浑身的御姐范,为人又爽朗精明,突然喜欢上这个年纪的她。

被一个人惊艳到,必定有她的过人之处,她所说,所做,我远远地观着了,隔着荧屏,已能闻到她的香,阵阵袭人,有道不尽的美。

人生就如徒步进行。年轻时,行囊是空的,拔脚就走,无所顾忌,多么热血、激情,风餐、露宿,只觉得快乐,不觉得苦。

可是走着,走着,难免可怜人意,薄如云水,唯恐辜负自己,向往着幸福快乐的稳定,又不敢将人生盖棺定论,生怕诗与梦想就真的成了远方。

其实,只要好好活着,无论将日子过成梦想的诗,或是过成了现实的歌,唯有初心不老,方能卸下尘嚣。

就像松浦弥太郎说的:"在看不到的地方也保持天真——我认为这是让生活保持新鲜的方法。"

而想要把生活过成好日子的人,不仅认真去对待生活里任何小事,还要心怀喜悦去接受生活。因为上帝总给用心的人奖赏,这份用心包涵着谦逊、自律、诚实、乐观的品质。

或许,每个认真生活的人,都有过脆弱如鸢尾的时期。经历情转身、爱别离、各种人生黑洞,前途渺茫未知,还能耐心地站在婆娑下,待阳光初好,仰起生动的脸,哪怕朝如青丝暮成雪,依然美,依然爱,才可以将日子过成诗。

生活不易,且行且珍惜!

岁月长长，
有谁在等你

一对青梅竹马的恋人，这些年一直卿卿我我又恩爱有加。

毕业季时，所有人都认为他们应该花好月圆。女孩却被分手，青梅竹马的恋情，女孩不甘心啊。她哭她闹，甚至连小儿科的自杀手段也使用上了，男孩尽心地照顾她，出院后依然决绝地提出分手。

女孩绝望地问："为什么？"

男孩说："没有谁会永远在原地等你！"

原来男孩一直优秀上进，和女孩同年考取了一座城市的大学，分别坐落在南北，他们带着地久天长的誓言入校。男孩并没有沉浸在初入校园的散漫和松懈，每天努力学习，图书馆里他是常客，过英语等级，竞争学生会主席，闲时去做义工。而女孩除了变着花样玩，就是在电话里缠着男孩说情话，再不济就是坐公交车穿过大半个城市来找他。

这期间，男孩时常劝她多用功读书，为以后考研或是毕业季找工作多做考虑。女孩总是不以为然地说，我刚大一，就想那么远？

男孩说，人生没有远虑，必有近忧。

女孩依然我行我素，她认为时光还早，甚至时常纠缠于男孩不用心陪伴她享受青春年华而耍耍小性子，男孩很疲于应对她的无理，感情也一度淡了下来。

很快，毕业季来临。

女孩开始为接下来的人生四顾茫然时，男孩子却接到了重点大学研究生的通知书，还有一个同等优秀女孩的表白。

分手正式提及，反复闹过后，看着男孩的不卑不亢，女孩知道分手早已成了定局，无奈地放手了。

她始终不明白，为什么会这样？

就像她不知道孔武有力的恋情应该是从容不迫地一起向前走，未来才能属于彼此。她只要浪漫不要责任，要虚度不要光阴，纠结于男孩对不起自己，却不明白是自己对不起这份感情，因为好的恋情能彼此滋养，势均力敌才能灵魂丰盈，青春没有遗憾。

昨天，我一个人去看了张嘉佳同名作品改编的电影《从你的全世界路过》，回来后我发了朋友圈，配上杨洋扮演的茅十八呆萌的图，有人问我电影好看吗？

我说，好看。

这部电影很适合那些处于迷茫期的小情侣一起看，它告诉我们这世间不仅要相爱，还要生活。而在生活中，总会遇到很多非人为的因素。所以，小容才会在剧里告诉陈末："在一起时，你一定要跟得上我的脚步啊。"虽然他温暖柔软，可是这样的温暖柔软并拦不住想要闯荡江湖的小容，她不敢和这样的他在一起，更害怕无微不至的爱会消磨自己的斗志。

看过太多恋人，因为一个原地不动，另一个已开始高飞，到分手时，原地不动的指责开始高飞的人负心、无情、势利。却不知道，我爱你，也不能一直等你，你心碎又如何？不舍得又如何？除了爱与纠葛，我还想生活得更好一点，而你，却不愿为我改变。

那么，为一个人改变一生值得吗？

值得，这是茅十八说的。看到茅十八那么帅，却愿意为了荔枝放弃一些不切实际的梦想，我的心就开始软得一塌糊涂。他想安心地开一个能养家糊口的小店，能和他心爱的女孩有一个光亮的未来。

而固执、笨拙又一根筋的猪头，掏空般的给予，全心全意地投入，燕子就是他的全部，而她翘首以盼的，是码头以外那片蓝色无垠的大海，他再讨好，再卑微，也感动不了她。

因为不站在同一片天空的人，很难走得长久。只有旗鼓相当，才能一路走下去，成就最好的爱情。除非你貌若天仙，否则谁愿意把时光浪费在一个平庸又没有未来的人身上？

人，根本经不起等待。那些期待重逢的，可对方早就不在原地了。

不止爱情，亲情也是！

张娅是一位在北、上、广那样一线城市里努力拼搏的高级白领。她在初入社会时，历经初入职场时非人般的磨砺。终于，几年后，她在公司里脱颖而出，坐上了高管的职位。

那样一个绵软的姑娘，曾因客户敬酒被要求干一杯就委屈地趴在桌上放声大哭，到再也不会因为一句露骨的笑话脸红窘哭的白骨精，江湖的那点风波让她早早变成一位得体应对，踢着球把话说圆的女汉子了。

只是，即使这样玲珑，面对职场的压力，她却仍不敢松懈，像绷紧的弦一样每天在头脑里盘算一天的工作，揣测老板脸色，猜想同事态度。一个人偶尔在举步维艰时才开始想念父母。

她的家距她工作的城市相隔了近一千公里，回家就成了奢望。而距离与工作带来的压力，让她的父母一年也难得见到女儿一面。

她知道，自己的努力拼搏与大城市的高薪，在家乡可是被传了又传，甚至被街坊邻里对孩子贴上了偶像的标签，她成了别人家的孩子，只有她自己知道，那份悲苦。

她的孝心除了对父母深怀愧疚，就是在物质上拼命地孝敬他们。每次填快递单时，想象着父母收到礼物时的笑脸，就感到心满意足。那是她尽孝的方式。至于回家她可是从春推到夏，又从夏推到秋！

后来，她买了两款最先进的智能语音手机，又指挥父亲在家里安了 Wi-Fi。这样在空闲时就能陪父母聊天解闷了。她笑靥如花地在视频里对他们一遍遍许愿，下个小长假或下下个小长假，我一定回家。

一次次地推,无限期。等我签下了这个大单,能拿下一笔不菲的奖金;下个月要接待跨国公司的董事;自己才刚刚升职加薪,要稳定。这些理由,除了在facetime上偶尔看到老人失望却宽慰她的脸,心里的愧疚在加重,却在公司面临挑战时一闪而过。

十一长假,好不容易挨到了公司里一个大项目完美落幕。作为部门负责人,她劳苦功高,向董事告了假。高兴地带着大包小包的礼物准备回乡下的家,却接到噩耗,父亲过马路遇车祸故去。度假成了奔丧,处理父亲的遗物时,看到手机的语音里录下了父亲好多对她未发出去的思念。

女儿,什么时候回家?

女儿,我和你妈很想你,我们已经一年没见你了。

女儿,邻居家的小二子,和你同龄人,今天娶媳妇了,你什么时候带个男朋友回来给我们看看?

……

她号啕大哭,悲痛欲绝后才知道自己错过什么,错过绵绵无绝期的思念,错过骨肉相依的温度,错过了日夜盼她归的亲人。她的现在,已成了父亲再也回不去的曾经了!

云落地,雨归海,万物从来不等人。

她知道,这世间从此再也没有一个人那般思念自己了。

现如今,所有人都害怕等待。一等就是曲终人散,一等就是天各一方,一等就是杳无音讯,亲人是,恋人是,朋友也是。

没有谁会永远在原地等你,真怕你辗转四方后,那个人在你匆匆路过时,化成相片冷在角落里。说要好好爱一个人,反而错失了一个又一个;说好要陪父母旅行,可是拖了又拖;说好和朋友相聚一下,可是还没来得及,又各奔东西。

岁月它生来残酷,看起来时光长长,却在一松一弛的消磨中殆尽。

请珍惜身边每一个默默爱你的人,或许有一天,当他(她)真的以这样或那样的方式决绝离开,你才发现,离不开的,是你,而不是对方。

愿你像妖精一样，
不动声色地老去

半夜读唐七公子《华胥引》里的一段话：点一盏灯听一夜孤笛声，等一个人等得流年三四轮，风吹过重门深庭院幽冷，一纸红笺约下累世缘分……

"梦一场她起弦风雅，奏一段白头韶华，雪纷纷下葬了千层塔，似镜中月华他不知真假……"

心里渐渐浮现一个画面：有女白衣，茕茕而立，法力无边，情深似海，能上天入地的妖精模样！

说起妖精，我想起七月在北京街头偶遇的两位小姑娘，一路在我前方窃窃私语，说到好笑处，一个说另一个，你真是个小妖精。

另一个作嗔要打她，你才是妖精呢，却没有生气的意思。想必被称为妖精，总是欣喜的吧。

不过抬眼看去，她大红的唇，火热的身材，黑色的丝袜，有一副撩人的姿态，我默默地认定她只算性感的女人。

在我心里妖精必定有一双桃花眼，带着邪媚，衣袂飘飘时暗香袭来，妩媚与纯洁兼具，即使一句话不说，只是静静地瞅着你，也会令人沉迷,就像西周时美丽动人却不言不笑的褒姒,周幽王为了博她一笑,而费尽洪荒之力。

《聊斋》里的小倩,她美丽,举手投足间都是魅惑,让女人都坐立不安,何况多情有义的宁采臣,所以仅一个晚上,他就情愫暗生,奢求一宵,即使后来知道了她非人类,却已深陷其中,明知会被吸食精元,也要为她消得人憔悴。

古往今来,每一个夜读的书生,都期盼过烛光底下穿越来一个小倩吧?

数年来,新老版的小倩有无数个扮演者,王祖贤、刘亦菲、大S、杨幂、陈庭妮,最喜欢的仍是王祖贤,她演出了妖精的哀怨、冷艳,那种风拂青丝,衣衫凛然的美摄人心魄,眼光流转处好似潋滟,又媚眼如丝,那柔软的腰身,缠绵旖旎,自问没人能抵挡那绝代风华。

现在被称为妖精的女人只有形,却无神。有一种平凡的庸常,却没有妖精媚到极致、妖到骨髓,分寸火候拿捏得不差毫厘,因为岁月除了在妖精们身上刻下了铬印,还留下了风华,那是庸脂俗粉所没有的。

宋小君说,每一个男人的人生中,都会遇到一个妖精,就像每个班里都有一个胖子一样,这是成长的铁律。

其实,每一个良家妇女的内心也都住着一个妖精。希望永远留住那张脸,却在光阴里和自己较着劲,大都活成了怨妇。

妖精并不单指那些风姿迷人的女人,常在街头偶遇装扮很潮的女人，黑丝、短裙、15厘米的高跟，性感的唇，烟熏的眼，被路人嘴一撇，脚一跺，定义着，瞧，那个女人像妖精一样！

这里的妖精已是贬义了，甚至有一丝轻蔑。因为在凡人眼里它们也有层次之分。

那些美到倾城倾国的女人，天生的妖精，比如小倩和白素贞，见一面就让书生害了相思，忘却一肚子的圣贤书，置性命于不顾；而才气卓然又谈吐如兰般精致的女人，是人间佳品，比如林徽因和陆小曼，金岳霖为了前者终身未娶，徐志摩为后者坠了飞机。神仙是天生的，人间佳品却带着后天的修炼，多少有些勉强的味道。

女人，多少都带点妖性。

很多女人将自己修炼成妖精后自带保护色，活得精致，妩媚，事业做得热气腾腾，感情经营得活色生香，家庭职场收放自如，在任何人的生活里，都是主角，不具奴性，无论奔忙在人生的哪一个阶段，都闪着无与伦比的光芒，知道除了相貌，还有一千万个理由让男人爱慕自己。

她们，对父母懂得谢恩，却不盲从；对感情认真执着，却不受羁绊；对工作竭尽全力，却无须搭了人格，在生活的琐碎、岁月的风霜严寒里萃取日月精华，不受格局所限，被环境置之死地而后生。

真正的妖精都是唐七公子笔下的：朝为红颜，暮为枯骨。

而且这是一场永远的修行，只是修行的路上，有的成仙，有的坠魔，杀了人，不见血，在色欲之中，取了男人的命门！

还有努力地在成仙的路上乐此不疲，每天吃饭不超过六成，体重永远不过百，米一粒粒地数着吃，青菜切成丁，嚷着减肥，拼命健身，富饶而嚣张地美着，一张脸百媚千红，期待着遇下一世的许仙。

而大多数女人在人间烟火不息，介怀皱纹横生、斑点乱飞、身段臃肿，便百般抵抗，去斑的，抗皱的，减肥的，一股脑地袭来，努力地和岁月抗争，却忘了戾气过重，三观不足，深度不够，即使美如昔，也只剩下流于浮世的一张娇艳面皮罢了。

女人都是不想老的，比如杜拉斯，她在《情人》的篇首交代，"我"是一个追求美丽的妖精婆。自己做着妖精，却又让很多女人受那句名言蛊惑："与你那时的面貌相比，我更爱你现在备受摧残的面容。"所以，一些女人便自恃老得理所当然。

只是，谁又会喜欢一张老脸呢？

只不过一边岁月里骂着别的女人是妖精，一边惶恐地渴盼成为妖精罢了。

很喜欢64岁的伊莎贝尔·普瑞斯勒。岁月似乎在她身上没留下痕迹。她是贤妻良母，也是各种名品的签约模特及编辑，即使经历了离异、丧偶、创业的痛苦与挣扎，却依然活得美丽大方，高贵优雅，暮年又收获了新的爱情。

她说，每一个年龄段都有不同的风采，努力让自己看起来年轻毫无意义。

她说，我的五个孩子是我一生最大的收获。

她说，我爱读书、爱运动。

对于那些爱抱怨遇人不淑、孩子牵绊、容颜衰老的女人，她早已活成了"妖精"。

顺其自然地活，优雅地老，生命不动声色。一如《青春》里说的："无论年届花甲，抑或二八芳龄，心中皆有生命之欢乐，奇迹之渴盼，孩童般天真久盛不衰。人人心中皆有一台天线，只要你不断从天上人间接受美好、欢乐、希望、快乐、勇气和力量的信号，你就青春永驻，风华常在。"

这样的智慧与气度才会令容颜像岁月里发酵过的酒，韵味悠长。

时间不等人。无论你青涩如初、浆满秋实或是美人迟暮，只要自己不放弃，岁月也舍不得辜负你的貌美如花。

这世间总有另类女子，不老如妖于尘世之中，烟火之外。愿你也像她一样慢慢老去，美好如初，坚韧永驻！

若无其事，
待清风自来

若无其事，原来是最狠的报复。

——《想哭》

有一对夫妻，她金牛，他天蝎。喜欢星座的朋友都知道这两个星座是天雷勾地火，要么爱，要么虐。那时她常说，男友就是她理想中的样子，颜值高，财力厚，会生活，重感情，总之样样都好。

一叶遮目，他就是她心里的长留上仙。

我说："太帅的男人，会让人没有安全感吧？"

"哼，世人皆爱，更好，说明他颜高、我眼光好，我不怕。"自信，明朗，看了她的样子，真是讨喜。

只是生活和小说差之毫厘，又谬以千里。

他们从异地恋开始，平时交流全是微信与电话。待修成正果时，证婚人拿出他们这些年攒下的整整一盒火车票、飞机票、高铁票根，围观者动容。

婚后的两个人,大概习惯了那种隔空想念的方式,生生落入烟火后又走过蜜月期,矛盾开始外显,先是婆媳关系,这个清官也无法解决的问题出现在他们之间。金牛女执拗较真,认为他不体贴不服从;天蝎男善妒高冷,说她小心眼不柔情。

　　从小是非到大原则。

　　直到发现他出轨,就像电影《双食记》里的男主角游离于两个女人之间,一个成熟,一个清纯,他把两个不同的女人掌握在自己的手里,享受着她们不同的身体,也享受着她们的各种风情。

　　这让有精神洁癖的她无法容忍,每天惊天动地地闹。无可厚非地消耗掉一段婚姻,矛盾日益剧增,终于,离婚提上日程。

　　她决绝,执意要离;他更决绝,离就离!

　　离婚那天,刚好是他们在一起的纪念日。在那条洒满落叶的青石小路上,回忆曾相爱的足迹,她听到叶子踩在脚下支离破碎的声音,眼泪就那样掉了下来,一串又一串。忽然觉得四年的异地恋,三年的背井离乡,养老抚幼,一路追随人,那般不值,愤恨之下,突然有种宁为玉碎不为瓦全的冲动。

　　她,希望他死。

　　那个晚上,她没有回家,去了酒吧,喝了许多酒,过往如同电影在脑海闪过,心里涌起了几百种报复方式:杀了他、找那个女人、一巴掌甩过去、去他们单位里闹,或是带孩子远走高飞、让他们一家骨肉分离,甚至像《双食记》的女主角弄一些砒霜放在食物里……

总之就是一句话：你过得不好，我就好了。

冷静下来后，看着小孩子，小脸无辜，眼神清澈地问：爸爸为什么不回家？心上一痛，她决定放下所有的恨，向前走，为了孩子也为自己。为什么要恨呢？初时猝不及防的相遇，美好到让人觉得不够真实，那个人即使半道转身，却留下了最珍贵的孩子，又有什么不可以？

明白能离开自己的人，说明他爱得不够深；

能背叛自己的人，说明他用情不真；

能提前下车的人，说明他不值得留恋。

之后，她果断地重新开始新的生活，现在的她活得又美又好，带着孩子快乐地生活在另一个城市，过去真的成了过去！

记得《神雕侠侣》原著里有一段对李莫愁的描写："她手中拂尘轻轻挥动，神态甚是悠闲，美目流盼，桃腮带晕。"

这样一个美人儿因爱生恨，性情大变，成了人见人怕的魔头。金庸给了她八个字："美如天仙，毒如蛇蝎"，在沅江之上连毁六十三家货栈船只，只因为船主的招牌上带了个"沅"字，她就滥杀无辜。她对陆展元的恨，已入骨，就算他死了，也要挖开他的坟墓，将陆展元与何沅君的骨灰一个洒于华山之巅，一个抛在东海之角。一个高入云，一个低入泥。

这样恨，只不过当初那样爱过。从情窦初开到中年道姑，半世癫狂，离不开"情"字。那份执着，非世人能比，最后却为那份执着葬身火海后也难逃困顿的结局！对于她，"情"是有毒的！

往往遭遇了背叛的一方，都会因爱生恨，却不知它来源于未了的爱。心如荆棘无非两种原因：一是你还爱着对方，情感的脐带并未剪断，他的好或不好，仍在心里与你有着丝缕的牵连。

另一种，虽然不爱了，但惯性还在，你留恋的不是那个人，而是一段旧时光。

昔日恩爱，一夕解体，可以视对方为陌路，却不要恨，因为恨，是魔障，它能毁了一个人。

不止友情，爱情也如此。

小风在朋友圈分享了一段文字："伤害本身没有任何意义，让它变得有意义的是你的坚强，而若无其事，才是一种不见硝烟的报复。"

我知道她有感而发，做了五年新闻专题的她，每天兢兢业业。第六年开始带新人。新人小Y看起来很乖巧，却嘴甜心苦，姐长姐短地将她喊得天花乱坠，小风手把手教她业务，从栏目策划、通联、组稿、采访，再到稿件的初审与校对，简直是掏心掏肺，有时因为稿件达不到"齐、清、定"的标准，主编一旦责备下来，她也承担了一切的责任。

后来媒体逐渐下滑，电视台要求记者们拉广告，小风理所当然地和小Y分在一组，她翻出好多资源，都是她这些年的人脉与一些合作关系。刚好那两天她的家里出了些事情，她就将那些合作资源的联系方式全交给小Y，让她打着自己的名号去联络。

很快小Y联系了一笔大单，当然是小风的资源。却不料小Y

直接撇开她给总编汇报，功劳全归了自己。

两个月后恰逢电视台的人事精编，此前拉赞助商的成绩就成了基础的能力考核，小风理所当然地被劝离开。后来有知情者因打抱不平，找到曾因她名义合作的广告商，去和总编说清楚，也被她拦下。

小风说："刚好我累了，想在家调整一段时间，算是韬光养晦吧！"而凭着小聪明留下的小Y，并没有在电视台立住脚，因为逐渐知晓内情的同仁们一直对她冷眼相待，而她没了小风的处处照顾，有些举步维艰，后来也主动离职了。

云淡风轻后的小风，在家里调整了一段时间后，总编亲自请她回去，同事们欢迎她的回归，再提那段往事，她也只是笑笑。

真正的成长，不管受过多少伤，依然对生活充满了热情。电影《霸王别姬》里，关师傅有句苦心教诲："唱戏呢，唱的不仅是戏，其中还讲到了做人的道理。人，得自个儿成全自个儿。"

很多时候，我们活在了别人的世界里，却很少做回真正的自己。其实，每个人的一生，都难免会遇到欺骗、打压的境遇，置身其中连呼吸都变得困难，但只要你对生活不曾失望，坚持守候自己的梦想或爱情，清风总会徐来，吹散你身边的雾霾，把你带到一个清新的世界。

只是当你连自己的情绪都控制不了，如何成全？

世间万般皆苦，唯执念最苦，放不下，便容易生是非，从欲到仇至恨并妄加报复，而报复，首先伤的是自己。所以，无论爱情或友情，以若无其事的心对待背叛，那种来自内心的笃定比气急败坏更有力量，让轻描淡写来结束一场场无声的硝烟，才是真正聪明的人。

不悲伤不绝望，修炼自己，然后等风来！

怎样的生活，
我们都要波澜不惊地过下去

有一帮做公众号的朋友在群里说，因为写文章太拼，腰椎出了问题，现在写字时要趴在床上写，有的说眼睛出了问题，视力直线下降，有的说因熬夜身体变得内分泌失调，大姨妈都开始飘忽不定。

想起一位医生，在闲聊中说过，哎呀，真想换一份职业，能好好地睡一个完整的觉，没有血腥，不见死亡。

还有小警察在后台留言，每天出勤，再出勤，昼伏夜出，这可是自己当初的理想，年少时因为迷恋警匪片，义无反顾地扑进来，现在每天连和家人吃顿团圆饭都成了奢望，现在流的泪，都是当初脑子进的水。这世间，很少有人能从事自己最喜欢的职业，即使喜欢了又怎样，当喜欢变成了生存的工具，也会变为不喜欢。

亨利·大卫·梭罗说过："我们只有在迷失之后才会开始理解自己。"其实，人生的路上经常如此，研究计算机的却阴差阳错地进了文学研究室，喜欢写文的却当上了数学老师，爱好唱歌的却考上了中规中矩的公务员。

我们喜欢的是一种生活,却被困在另一种生活里,以至于整个前半生都悔青了肠子。

一个人在路上时,内心难免有过彷徨、怀疑、纠结,甚至软弱低谷。感慨时光就像湖泊,每天的快乐与眼泪一滴滴地被反射进去。久了,湖泊变琥珀,无论内心曾有过多少恐惧与懦弱,表面却依然被迫凝成坚固透明的冰。

光阴那么快,我们一直在化蛹为蝶的路上,寻找快乐。

它却在上班下班加班、人事人际人缘、买房卖房租房、结婚生子养老的过程里过了期。

《重庆森林》有一句台词:不知道从什么时候开始,在什么东西上都会有个日期,秋刀鱼会过期,肉罐头会过期,连保鲜纸都会过期,我开始怀疑,在这个世界上,还有什么东西是不会过期的?

那个小警察每天都要买一瓶凤梨罐头,只为他从前的小女友喜欢吃凤梨罐头。他不仅买,还要买到1994年5月1日到期的那瓶,他坚持了整整一个月,如果这一个月她不回头找他,那么,他的爱情也就过了期。

当然,他的女友始终没有回来过。

一夜之间他吃掉了那些罐头,一直吃到胃疼,其实,最疼的是心——爱情终于过了期。

这世间又有什么不会过期的呢?

理想会,爱情会,你会,我也会。所以,我很羡慕那些为初心苦苦坚持的人，无论怎样坚持，就是伟大。

能坚守下来的人，一般能掌控自己的人生，否则一颗心很容易随波逐流。

我曾在文里提过那个在省城开了两家公司的好友。

曾经很年轻的他当初对人生也是充满了向往，脱离学生时代后一脚踏进了体制，才发现理想大过天，生活小于井，而他就是一只在井底的青蛙。不是他的眼界低，心眼窄，而是单位的格局太小，小到自己的前程要被一些人一些事来左右。

终于，他决定浮出井底，在工作了十年后，重拾书本，考入了名校的MBA，再入校门，虽学得辛苦，心里却无比轻松。

毕业后他理所当然地留在了省城，进了一家科研单位，这样安静了几年，让他痛苦的是，重进体制的自己即使重塑了金身，仍是不能适应机关里暗藏刀剑的惶恐，理想的净土大概除了象牙塔再无别的选择。

他重新开始徘徊纠结，是活出自我还是屈于现实？

他告诉我，再度决定辞职的那天，一个人步行从市郊回到市区的家，途经了一座长江大桥，整整五十公里，从日暮西山走到更深露重，双腿像灌了铅的沉重，心却像充了血一样饱满。因为最终决定，辞职，而那时，他已经38岁了。

古人云，失之东隅，收之桑榆。

得与失，在转瞬间。所幸上天没有辜负执着的人，他开了公司，初时不大，一人身兼数职，老总、销售、技术、会计，经常从这个城到那个城，有时一天来回在两个城市打个来回，但是他却快乐，因为他做了自己喜欢做的事。

我曾问过他，这样累吗？

他说，创业很累，却很快乐，心，无比轻松。

其实，有很长一段时间，我也曾陷入一种恐慌，人生在晃荡中前行，一种消极的东西在慢慢滋生，物流于俗，人浮于事，而我倾于平庸。还好，文字拯救了我。

它让我对这个世界保有探索及乐趣的偏爱，灵魂因生动而有趣，又因有趣而对这个世界保有热情，而热情又令我的精神重新上扬，循环往复，生生不息。

每天每天，就这样活着，睡觉，起床，吃饭，情绪有好有坏，上班，下班，写稿，读书，不经意地回眸那些循环往复的平凡，发现它多少会留下些什么，就像旧时光，纯净而温暖。

这个秋夜，我偶尔翻到多年前的一张旧报纸，上面有我的一篇小说，那些文字很青涩，结构又松散，却在这个十月里，透过路灯下飞扬的黄叶，让我看到过去的自己。

我知道，一切都会过期，像这张旧报纸，唯有快乐不会过期。

所以，无论日子怎样，都要波澜不惊地过下去，我是，你也是！

好好爱，
废墟也能开花

初秋，微凉，天气刚刚好。

我与先生参加了一次向往已久的普吉岛七日游。

团里十人，只有两对夫妻，除了我们，还有一对和我们年龄相仿的夫妻。只是他们的相处方式很奇怪，全程男人几乎都是扑克脸，女人也总用怨怼的语气支使他。公共场合里，夫妻俩几乎从未交流。

第二天在普吉镇有一项自费的项目，导游要我们另购门票参观。先生去买票时，我这个没安全感的路盲一直站在他们附近，无意听到女人问男人，要不我们也去看看？

有什么好看的！

既然来了，还是看看好。女人固执地说。

你去吧，我在外面等你，我累了。

哼，累了？如果和那个狐狸精出来，你就不会累了吧？

说什么呢，真是的。

刚好我站在他们身后，那个男人气呼呼地转过身，猛然看到我，有几分尴尬，连招呼都没打，沉着脸走了。

　　晚上聚餐，我们坐在一起，最后老公和那个男人开始小酌，女人自然地对着普吉岛的月光向我吐露心事。

　　原来他们正在闹离婚。老话题，男人有钱后变坏，勾搭了公司里年轻漂亮的前台，她发现后闹了过去，眼看无法收场，被他连哄带骗地弄出来旅游散心，以此修复关系。

　　我说，既然修复，说明他并不想离婚，试试看有没有挽回的余地？

　　不可能。她坚决地说，回去就办手续，现在我才知道守着一个变了心的男人是什么感觉。他每天拿着手机躲我的视线，连洗澡都带进去。躺在我的身边却魂不守舍，过去不知道就罢了，现在恨不得他死了算了。死了，至少不担心他出去偷吃了。

　　语气的恶毒让她的脸在月光下有些变形。就像电视剧的情节，从迷恋到恨，从依恋到折磨，从相爱到相杀，从愿为你付出一切，到最后争个你死我活。

　　这就是婚姻，何时变得如此不堪？不堪到想要同床共枕、耳鬓厮磨的那个人死？

　　却也在她伪装的彪悍里看到了无助，没有哪个女人想亲手拆掉婚姻的樊篱吧？

　　半夜溜回房间的老公半醉下说那个男人要和老婆离婚了，说她除了知道搓麻将什么也不会，自己白天累了一天回家后冷锅冷灶的日子过够了，下半辈子说什么都要找一个知冷知热的女人才对得起自己!

我轻笑,两个在婚姻里各自固守自私的人,已经因为不忠、怨恨变成一对怨偶,剩下的全是藐视与讽刺,那份怨气累积到一定程度,必然酝酿到发酵,难免爆炸,离婚也未尝不是一件好事!

或许他们之间并不仅仅是出轨、打麻将这些小事,生活还有很多副作用,衍生了麻烦,如若都只顾自己开心有趣,都想得到爱,却不付出,除了指责与逃避,所有灵魂深处的不安都会让心凉了又凉,恨了又恨!

如果说那对夫妻都中了婚姻的毒,分开是必然的结果,却也有别的夫妻在智慧中度过危机与不安。

我的好友佳宁原来是一家纸媒的编辑,做文字久了,她有种与世无争的寡和与淡然,也将这种性格带到了婚姻里,她习惯于听从老公的安排。孩子上小学后需要照顾,而老公的事业处于上升期,权衡之下她辞了职。

初时日子倒也过得逍遥,除了孩子的一日三餐,就是保养皮肤,做做SPA,既有太太的清闲又有主妇的忙碌,我们羡慕她离职的逍遥,又感慨自己偶尔偷得浮生半日闲的仓促。

只是她后来越来越懒,时常穿着睡衣就下楼买菜。

有一天,她发现归家后的老公在泊车,她拎着菜一路喊过去。

老公抬起头惊讶地看她,什么也没说,却有一副嫌弃她的样子。两人一前一后地走,她的心一寸一寸地凉。

后来儿子读了寄宿中学,她将注意力放在了老公身上。人到中年的男人事业有成，看起来又温润如玉，哪个小姑娘不喜欢？自己现在又一副家庭妇女的样子，难免底气不足，开始电话追踪，晚归审问，就差没有翻手机和 GPS 定位了。

一个人总是容易胡思乱想，后来因小事和老公冷战，莫名的情绪占了上风，偶尔的失心疯让家里开始鸡飞狗跳，她无故放大悲伤，一次次崩溃地闹，压抑地哭。

老公说，你看看你现在的样子！随后摔门而出。

她知道两人产生了嫌隙，却无能为力。老公看起来很正常，甚至感觉他待在家里的时间也越来越长，心虚了吗？某天，她老公邀请她参加公司的年会，权衡下她去做了美容，换了新装，收拾妥当后在揽镜自照时又有了自信，这样也好，想勘察敌情，必定深入虎穴。

酒会上有小姑娘过来敬酒，上下打量她，他揽过她介绍：这是我的夫人。

心在他的怀抱里变得柔软，脸上笑靥如花，她知道自己得体大方。

归家后的气氛难得那么融洽。他说，老婆，你这么美，我可不想将你藏在家里。

她疑问。

老公说"别多想，家里不缺你挣钱，我只想让你有些事情做。"他的语气坦诚，目光真挚。

她记起自己大哭后红肿的眼，蓬乱的发，人不人、鬼不鬼的样子。

她也很怀念过去那个美好、明媚的自己。

她冷静地想了想，回答道："好，只是现在纸媒行业已经下滑，自己离开职场又好多年了，唯一的技能就是会码字，还有那一纸心理师的资格证书。"

坚定了信心，就好了。她开始重拾读书写字，心渐渐不再浮躁，她开始接受新媒体，不再将心思扑在他的早出晚归，也不再捧着手机对着消消乐打发时间。老公更是温柔体贴，下班后拉着她去跑步健身，说要劳逸结合。

心理课堂开始被读者咨询，文章被接受，后台的困扰者向她倾诉婚姻里的各种烦恼，她回复着，同时收获了内心的平静。

她的脸上又焕发了神奇的光泽，也感觉到他追随自己的目光一天比一天久。

她感慨有人说婚姻苦，却不料很多苦都是自己强加上身的。爱是一阵子，过日子却是一辈子，这一辈子，如果你不跟着对方的脚步，难免被甩在半路上。老公优秀，他的身边围绕很多美女，难免拿自己比较，心里容易产生落差。还好，他给了我一定的安全感，唯有让自己变得更好，才能获得对等的爱。

现在有很多女人，因为对婚姻恐惧宣称做不婚女人，比如影星周海媚就有一句不婚名言："如果没有baby，我是不会结婚的。"

自由和爱，是很多女人梦寐以求的快乐，但又有很多女人因为爱心甘情愿走进婚姻，虽然学会了很多技能，却忘了提升自己，忘了婚姻里的两个人应该一同享受阳光,迎接风雨,一同成长却并不缠绕。

否则,难免会在带来爱时带来恨;带来信任带来怀疑;带来安全感,却也能带来毁灭。

所以,它需要两人共同成长。成长了,哪怕是一片废墟也能开出一朵花,且妖娆美丽。

亲爱的，
请不要挑剔我

那天，我在快餐店看到有对小夫妻带孩子在吃饭。

小孩子很调皮，大概吃完了饭很闲，开始自嗨，在餐椅上爬上爬下的。在他的母亲连续几个"宝宝小心"的提醒后，孩子终于一不小心从椅背上摔了下来，额头立刻鼓起一个包，当即哇哇大哭。

那个男人当场就翻了脸，但不是冲小孩子，而是冲孩子的妈妈："你是个猪啊，连个小孩你都看不好！一点用都没有。"

女人的脸当时也沉了下来，但她修养还好，没有在公共场合发作，但看得出她努力地克制自己的情绪，一边接过哇哇大哭的孩子。只是当我用餐后错过她时，嗅到了一股浓浓的火药味儿。

我很讨厌那个男人，虽然知道他心疼孩子，想从爱人那找个切入点发泄。他传递的信息是，要让你记住我的话，下次才能长记性。却忘了这莫须有的攻击既无法改变小孩的调皮，反而让爱人在打压下变得耐性渐无，一不小心还会条件反射地争吵。

美国有一项调查研究显示，经常挑剔、唠叨伴侣的，很容易令对方变得抑郁,即使这样,仍有很多人在生活里习惯挑剔对方。

本来,伴侣是最亲密的关系,却总因为有人喜欢挑剔与打击对方而变得疏离。

小米姐是我在瑜伽房认识的一位朋友,她是位能干的全职主妇,专职伺候老公和孩子。

那天练瑜伽的空隙她很气愤地聊起,拿了驾照后手痒痒想摸车,老公各种不放心。那天周末带她一起练车,一上车她就感觉到风向不对。

"难道教练没教你上车就系安全带?"

"你挂挡时没学过要循序渐进?"

"不知道转向灯是用的,不是看的?"

"这样子踩刹车,撞到人你能负起责任吗?"

……

冷冷凉凉、喋喋不休,一路上她紧张到手脚冰凉,生怕自己操作不当引发他无休止的批评与挑剔。

后来,为了躲避行人,她猛踩一脚刹车紧贴路牙石,他说:"就你这样的水平,还打算以后开车?"

气得她当场把车撂在路边,一个人步行走了好几里路才到家。她抱怨,宁愿以后不开车,也不要他教了,真是的。

我笑了,见过好多夫妻档练车的事儿,大多以教的一方气得翻白眼,学的那一方被打击到体无完肤才算落幕,后遗症就是夫妻俩不能同车。

我说,他也是为了你的安全才这样挑剔的。

我知道他是好意,但为什么就不能好好说话呢?提起来她仍是很生气。

她说,其实老公人很好,顾家,又正派,唯一的缺点就是有点儿嘴贱,又碎碎囔囔的,说出的话充满了打击性。小米姐说,我平时顾忌他在职场的压力,很少计较。但我们仍听得出她的情绪很低落。

"他常常埋怨我做的饭不好吃,买的水果不新鲜,就连孩子有时成绩不理想,他也会责怪我没教育好。"

其实相处下来我们都知道,小米姐没那么差劲,她每天将家里收拾得干净整齐,一日三餐换着花样,女儿又优秀懂事,和公婆小姑子都相处得非常和美。但是对方对这些都视而不见,认为理所当然,那些时不时从他嘴里溜出来的冷嘲热讽令她心寒。

你看,被挑剔的人不止生气,还会严重地受到心理暗示,被动地跟着对方的语言质疑自己。或许他并无恶意,也可能根本意识不到此种态度伤人,反击了,他还会怄气,继而产生争执,矛盾扩大。

所以,真正健康的亲密关系,能给对方带来幸福感,因为它是一种积极的情绪与力量。

刚结婚时,我并没有"自此长裙当垆笑"的雅兴和"为君洗手做羹汤"的体贴,我不会做饭,也不喜欢做饭,更讨厌厨房里挥之不去的油烟味,每晚在婆婆家吃好喝好回了小家,清闲又轻松，多好！

后来，小孩子慢慢长大，我周末又不愿意出门，而老公虽四肢不懒却也不善厨艺，因心疼孩子，我愿意对着电脑学菜谱。

只是第一顿饭做出来时，饭是焦的，菜是煳的，汤是咸的。还好，小孩子很好打发，重新煮了一碗面就好了。先生也不挑剔，有滋有味地吃完后，表扬我第一次做饭已经不错了，记得下次米里多放点水、汤少放些盐就行了。瞬间我自信心就爆棚了，在他真假参半的鼓励下，现在我当然练了一手好厨艺。

被别人欣赏和肯定也是一种动力，至少能带来一份安全感，他赞美了我，我就高兴，甚至有继续做下去的动力，至少不讨厌做饭这个事。世上很少有完美的人，朋友也好，夫妻也罢，最大的使命就是为了一种精神鼓励和支持，即使对方缺点再多，也依然愿意接受，这就对了。

其实，只要不是过分的挑剔，存在即是合理。

有一位做心理咨询的朋友，曾经在群里谈到过她所接待过的一些来访者。

朋友说，有的访客倾诉，宁愿忍受爱人的一巴掌也不愿被语言攻击，那种被否定的感觉真的很痛苦，甚至会带来一种连锁的效应，心存恐惧不安，怕爱人离开，怕自己一无是处，怕对方不尊重自己。

她总结，爱挑剔的人无非有以下几种：

大多是因为性格的缺陷，当别人的做法和自己的想法背驰，为了可怜的自尊而拼命用语言来掩饰内心的薄弱。

而有的则是因为在外面受了气,将内心的不满变成利器来攻击身边最亲的人。

当然也存在结合时条件优越的一方,像拯救了世界一样对伴侣作威作福,同时享受对方的顶礼膜拜,这样很容易让对方产生自卑,就像小米姐时常怀疑老公的挑剔是因为自己没工作而嫌弃自己,甚至一度怀疑他是否在外面有了别的女人。

还有一种喜欢挑剔别人的人,也隐藏了对于自己的生活及一切不满的现状,他不满意自己,无法实现自己想要的一切,连带着也对身边的这个人充满焦躁和不满。

当然,不排除一方过于强势,不自觉地将自己变为挑战模式,启动自我保护,将找茬作乐趣,用挑剔当武器了。

却不知真正的亲密关系是平等的,不随意挑剔对方,也不被对方挑剔,这样才能不怀疑、不困惑、不消耗、不自卑。

虽然我喜欢丁尼生说过的:"爱是埋在心灵深处,并不是住在双唇之间。"但我明白真正懂得爱的,一定是那种在唇齿之间用语言来温暖对方的人。它需要尊重和珍惜,欣赏和平等。

亲爱的,希望所有人都能遇到一个懂得陪伴、支持又不挑剔自己的爱人。

两人不嫌弃，
一人不孤单

初遇时，他们是在最好的年纪。

他帅，她亦美。正是雨打莲花，红鱼戏水的相逢。

她喜欢泥与火的艺术——陶艺，又喜欢探险。因为向往自由和对艺术的追求，早早把稳定的工作辞了，天南地北去流浪。后来在陕西遇见一款民间青花，仿佛少女般清丽明媚，惹她心动。她说那是泥土与清水的凝和，是釉料与烈火的升华，是唯美与坚强的交融。

从此，几块泥巴，一个旋转工作台，成了她的最爱。

回来后就开了一间工作室，每天钻进去研究泥料、搅拌、除铁、过筛、抽浆、榨泥，一个烧坏了，另一个重新来过。

某天，她捧着一个简单的陶俑立在我的门前，土土的身子，缠绕着细致的青花，枝枝蔓蔓，将青色缠绵于瓷里。我记起方文山的词：素坯勾勒出青花笔锋浓转淡，瓶身描绘的牡丹一如你初妆。

真的喜欢。

再喜欢也开始为大龄的她发愁,她却说我只是在等待一个可以陪我很久的人。

我曾问:"什么是久?"

她说:"久到无论在一起多少年,内心都不会孤单,不止不孤单,而且幸福得想起对方的模样都会笑出声来。"

他是一名设计工程师,有高薪稳定的工作,却为了支持她的梦想,下班后接图纸挣钱扩展她的工作室。那一段创业时期艰辛难熬,每每两个人工作到深夜,泡面果腹后相视而笑,继续低头她和泥,他画图。心中却都明白她笑是为喜欢的工作和那个陪在身边的人。他笑,只是为了她的笑。

岁月并不冗长,上帝有时也会眷顾相爱的人。

工作室逐渐走入正轨,她在烧坏了上千个瓷器后也开始小有名气。那高高的架子上,摆满了她几十件作品,每一个都形态各异,釉面肥厚,色彩绚丽,散发着温润、透亮的光芒。

参加无数展示后,感觉进入了事业的瓶颈期,她又恢复过去行走天涯的潇洒。有时大半个月神龙不见首尾。

我们都笑她自私,戏称她在外游山玩水,借着采风的由头乐不思蜀,让老公在家里独守空房。她却说两人是相爱,一个人时才叫相思,心里有爱的人永远不会感觉寂寞,因为想念很容易将心填满。

偏偏那个老公在她每一次出门替她打点装备的时候都会说:"记住,我是爱你的,你是自由的。"

亦舒也在《爱情之死》里说过:"当一个男人不再爱他的女人,她哭闹是错,静默也是错,活着呼吸是错,死了也是错。"那么同样只有爱才能让一个男人包容她的所有。还有相爱方式,一个人欢喜,两个人又不嫌弃。

看多了世间相爱的人,大多在感情稳妥后,掩于体内的劣根渐渐显现:不耐烦、焦虑、暴戾、多疑,诺言就这样随着玻璃心逐渐消失在岁月里!

却仍有人和她一样将婚姻当作一场修行,不用夫妻之名捆绑,这样延续爱情的寿命。

北北是我好友的妹妹,她和丁的相识很浪漫。一个江南姑娘,一个是帝都小伙,他们的相识缘于"airbnb",两个旅游达人,因为喜欢空中食宿的方便与多样化的住宿,都将彼此房子挂在"airbnb"的线上。

某天,北北出国前在帝都找了丁的房子借宿一晚,却一见钟情,相约从国外回来后依然住在丁的家里,一番热恋后,两人决定结婚。

听说对方是个外地 boy,朋友们简直惊掉了下巴,无数个劝说来自上空:

两地分居,以后有你受的;

那怎么了?我喜欢这样有距离的恋爱,适合想念。

万一以后有了孩子怎么办?你岂不是成了单亲妈妈?

不会啊,我们三两年之内不打算要孩子。

男人结了婚不看在身边,你不怕他在外隐瞒已婚的身份?

呵呵,我相信自己的眼光。

北北比其他人想象的独立,婚后与老公异地的她从来不抱怨没人照顾自己,和过去一样踏实上班,下班后要么去健身,要么和闺蜜约会,要么就是报了个班去上课,那时她在当地一所律所,已拿到了正式员工的薪水。

她也参与过一个不大不小的辩护案,受过当地媒体的报道,活得独立又坚强。

过了两年,北北理所当然地飞到帝都和爱人团聚,听说她应聘到一家不错的律所,如鱼得水,很多人都说这女孩得益于平时自律和锻炼。

再见北北,是在她姐的朋友圈。她打开的相册里,有北北怀孕初期在阿里旅游的足迹,还有凤凰,有时两个人,大部分是她自己,因为她刚怀孕时,老公就获得了到加拿大的机会,原本他想放弃机会,北北劝他不要,说生孩子的女人多了去了,现在医疗条件那么好,有什么不放心的,再说还有公婆照料。

我们听得一愣一愣的,问,她真的这么勇敢?

嗯,真这么勇敢,等我妹夫从加拿大回来,孩子都一岁了,他休了假在家照顾孩子,让北北来一次欧洲旅行,北北就真去了。

啊,北北能放心?

当我们看到北北站在美国赌城吹着夏季的风,在庄园里喝着自酿的葡萄酒,我们集体沉默了。没有人再问下去,我们都在羡慕此妞活得洒脱。

忍不住问北北和丁丁现在感情好吗？

她姐姐说，好啊，因为我妹两人整天聚少离多，妹夫现在又是桥梁检测师，出差是家常便饭，一起坐下来吃饭开心都来不及呢！

现在北北因为照顾孩子暂时离开职场，她学了烹饪课，做的炸酱面比婆婆做的还地道，又跳起了肚皮舞，身材恢复得棒极了。

北北说，婚姻就是一场修行，付出并不能当成要挟和牺牲。

是啊，那么多人，我就愿意为你生孩子，为你做饭，那么多人，我就愿意和你一起变老，这是一种心甘情愿。也为了这心甘情愿，我让自己变得更美好！就像《走出非洲》的凯伦某天回家，看到她消失多天的爱人丹尼斯正坐在树荫下的摇椅里打盹，心里的美啊！

这种亲密和疏离，才是婚姻最美好的东西，我付出是甘愿，并不求回报，那种"忽见陌头杨柳色，悔教夫婿觅封侯"，才是最坏的婚姻。

这个时代分分钟都有明星为爱靠近，又为不爱分离的八卦。一些网友却总随着别人的分合而宣布又相信爱了或不相信爱了。真正懂爱的人，怎会因为一些公众人物的花边新闻随意更改？

人是奇怪的个体，他们做好了随时说再见的准备。

比如王菲，那个特立独行的女子本着爱情至上的宗旨——爱就在一起，不爱就分离。一道"我还好，你也保重"的声明立刻与前夫降格为朋友,做朋友还好,总好得过那些陌路。而对兜兜转转的小谢,47岁的高龄分分钟化身小女生,隔着前妻前夫、隔着儿子女儿、隔着国民大众,他们相互吸引,灵魂契合。对她来说这就是一份不嫌弃不孤单的情感,所以她有爱足够了,所谓婚姻的形式不要又何妨?

普通人对情感就慎重多了,淡了将就些,将就了难免疏离,疏离久了又在婚姻里和自己各种较劲,最后就只剩下了狼藉破败。

其实说到底男人都想有温柔的妻,女人都想宠她的夫,这样的人生,喋喋碎碎的唠叨亦是桑榆情浓,又何惧暮年忽又至,华发早生呢?

生活本是无趣。

每个孤单的人最初想要的不过是乍见相欢、久处不厌。失眠时有人聊天,发牢骚有人听,在一起能享受陪伴带来的满足,分开后有思念的人就好!

是那种两人不嫌弃,一个也不觉得孤单!

爱和悲悯，
是我无垠的幸福

夏日的黄昏，总是充满清冽的语言，说着生死、爱与怀念。

我又捧着张爱玲的《心经》，恍惚间，仿佛又看到许小寒对父亲许峰仪的畸恋，年少时心里是有过鄙夷的，一个女孩子怎么可以爱上自己的父亲，与母亲争宠，好听一些是恋父情结，难听一些，就是乱伦。

只是在这个黄昏重读，忽然悲从心起，突然明白如果每个女孩都是父亲前世最爱的小情人，那么每一位父亲都是女孩最初爱上那个人的样子：温暖宽厚，宠爱无边。

我起身，盈盈而立，看到飞鸟经过合欢树嫣然而笑。窗外的云滚滚踏来，我好像看到了父亲，清瘦、儒雅，在他离世多年后的夏天。

父亲是一位读书人，经纶满腹，却失意一世。

那个年代，成分追随了他很多年，他遭受了很多不堪：抄家，批斗，流离失所，中文系的才子未至毕业被迫停学到小城的卫校里授课谋生，却意外地遇到了我的母亲，然后有了家，又有了我们。

后来的生活逐渐从容，旧事便不再提及。

他爱静，闲时喜欢读书，姊妹几人大概只有我喜欢在梧桐树下绕在他的身前身后玩耍，不时偷窥他端书吟读不止的样子。

他总将我抱于膝上，塞一卷书给我指点书里江山，那时我刚读小学，字都认不全，囫囵下来通篇未解，却在泥沙俱下的囫囵中明白还有读书这么有趣的事。

从此，读书成了爱好。再后来，年纪渐长，阅读增多，我身上就有了一丁点的与众不同。再后来，父亲老去，我也长成了他的样子。

而我，在他离世的前一年，遇到了最合适的人。第二年，父亲病故，他就接替了对我的照顾。

此人并不爱阅读，但是他爱阅读的我。初婚时他常常出差，从来没有给我买过化妆品及香水之类的礼物，每次都是某某作家新出的书，最让我惊喜的是，2006年夏天，他曾在南京的工体蹲守了一个下午，给我买到了林清玄签售的新书。

这些年，我不知道什么叫幸福。

因为它很难具体到细节。却一直有人说我的身上保有天真，老人的思想及孩童的心灵。

就像茨维塔耶娃的诗：
亲爱的，在这个冬天的黄昏，
请像小男孩一般，和我在一起。
请不要打断我的惊奇，

像一个小男孩，总是在可怕的奥秘中，让我依然
做个小女孩，哪怕已成为你的妻。

……

在他身边，我一直无忧无虑，像个不谙世事的孩子，无私、无惧地活着。眼看很多女人在俗世里，从单纯到复杂，从清高到功利，从高贵变得卑劣。在誓言消失、诺言飘散后，她们最终都难逃撒旦的诱惑，落入俗世圈套又盖棺定论地活着，而我却是越来越散发出属于自己的光芒。

那年，我忽然从读书到疯狂地迷恋写作，除去上班，下班后的那些时间，我每天恨不得能变出三头六臂，一个看书，一个写字，一个吃饭，一个思考。

明知写文字不是一件讨巧的事，我却一直喜欢。

他却会在我投入时，拉我去散步，吃饭，聊天。我抗议，他会说，我宁愿要一个白痴却健康的你，也不要聪明却弱质的女人，虽然我一直弱质。

时光一直在腐烂很多内容，但真正能记住的，仍是那些依然娇嫩、水灵、鲜活如初的细节，就像我一直知道，余生里，他给予的细节必然会反复出现，直到我不再书写，直至我和他一同老去。

如今的他，一直比我付出得多。我看到他在俗世里的滴水不漏，为人的无懈可击，处世的面面俱到，应对一切，我一个都学不会，也无法迎合与求全，因为那意味着牺牲我的某些真

实与单纯。

他会说:"我来,这种事情有我就好了。"

他用依然有力的臂膀替我遮挡了好些年的风雨,让我仍保有单一、纯良、慈悲的内心和一种看破世事的纯粹却又保有底线的周全。

而我在这种周全里,夜月朝花,继续执拗地靠近文字,初时的道路真是辛苦孤单,却也注定将一些人带到我的身边。

那年秋天,我的心开始混沌不安,还有初次海投的茫然,令我每日失眠,心力交瘁,心沉到谷底,又落入海中。

那个下午,好友风风火火地赶来,她合上我的电脑说,这世上有比你写字更重要的事!她拉着我简单地收拾几件布衣,连钱都没来得及取,和他打了招呼,爬上了她等在楼下的车,里面有几张笑脸来迎接我。

六个小时后,我们已经停在南方小镇的一隅。

已是后半夜的时光,预先在网上订好的宾馆早已没了食物。

在几人拼命地喊"饿"的催促里,老板娘胡乱地炖了一锅汤,放进各种各样的调料与菜、肉。那味道居然出奇香,直到现在想起来,舌根也能泛起涟漪。吃饱喝足后,大概加上舟车劳顿,伴着木屋的清香与安静,我睡得很沉很沉。

第二天,看阳光从窗前的海棠叶间洒下,留下一地的斑驳,听到有鸟在树间啾唧。

好友也啾唧道:"我睡得好极了,居然一夜无梦。"

我了然，最好的睡眠应该是一夜无梦吧。

饭后，我们去了最近的山。大概昨夜下了一场微雨，山道窄窄的洼地蓄满了水，不时溅湿了我的布裙与鞋，却迷乱在山林的清澈与空灵。远处好像听到梵音，心底悲悯悄然浮起，等好友转头看到时我已泪流满面，一种莫名的委屈落地。她走过来，拉着我的手，我的眼泪再一次汹涌而出，她轻轻一握，轻拍我的后背，那份了解与从容，令我的心忽然就那么静了下来。

归家时，又是夜路。

我们几个人怕驾车的阿三瞌睡困顿，拼了命地和他说笑话，一路上欢歌笑语时，我听到手机来自邮箱的提醒，我有一封新邮件，打开看，躺着一封用稿信，XX老师，你的中篇XX被我刊采用，欢迎继续来稿……

我狂喜，要知道，那是一家国家级的刊物啊！我语无伦次，等到她一把夺去我的手机，仔细看，隔着座位拍着阿三的头："掉头，掉头。"

"干吗？"

"去西塘。"

"好嘞。"

西塘，那是我们来时路过的地方，因为着急赶时间就错过去了，可是就这样发了神经，半夜打电话续假，半夜找旅店，喧嚣着半夜最好再炖上一锅乱炖，香到胃，暖到心。

……

再说稿子，那一封用稿信让我兴奋了好多天，写字带来的快乐冲淡了一切情绪。紧接着我打开了写作困顿的局面，接连收到好多家刊物的用稿信。一家报纸的副刊采用了我稿子，并且接连用了几十篇，直到现在与那位编辑的合作都在。有次她问我："为什么有时版面缺稿与你联系，哪怕稿费不高、结款又拖沓，你也会在约定时间内交稿？"

我总矫情地回答：因为这是我的幸福啊！

我很幸福，一个女人一直活在有爱的地方，还懂得用文字作衣帛，覆现世之荒凉，怎么会不幸福？

放下书，我望到小区不远处的教堂，悠然独立。我曾经无数次地路过与走近它，它的四周有几株香樟树，在夏日的傍晚散发出甜蜜的气息，里面静谧美好，总有一群人敛眉低首地进出，并竭力祷告，希望把悲悯与爱驻入所有人的身体与灵魂。

就像我，此时胸口汹涌地澎湃着，我生得其所，我幸福常伴！

我爱你的方式，
就是想和你说很多很多的话

记得《康熙王朝》里有一段描写康熙与容妃的。

有一次他微服私访回宫，没有惊动任何人，只是悄无声息地溜到容妃的寝宫。当时容妃正在低头绣花，见到皇上惊慌失措："不知皇上要来，臣妾未来得及更衣迎接皇上。"

谁知康熙淡淡地说："你接着绣，朕就是想和你说说话。"随后坐在那里一番国事家事的倾诉。虽然后来，他因为宫闱之事不得已废了容妃，但仍习惯在心里郁结烦闷之际步入容妃的旧居待一待，心底的情愫不得而知。

贵为皇上，后宫虽三千佳丽，最难忘的却是那个随时想说话的人。

作家苏岑说过：世上最奢侈的人，是肯花时间陪你的人。谁的时间都有价值，把时间分给了你，就等于把自己的世界分给了你。

世界那么大，有人肯陪你，是多大的情分！人们总给"爱"添加各种含义，其实这个字的解说也很简单，就是有个人，直到最后也没走。

一切的陪伴缘于爱。而最深爱的方式，莫过于我想和你说说话。

Z总，是北京一家图书公司的负责人。

他有个习惯，无论晚上在哪都会回家。有时出差在外，也会在电话里陪爱人说说话，偶尔时间紧迫，只言片语也是好的。

曾有缘听他聊过，他开始创业时事业处于低谷，由于市场拓展的局面一时难以打开，艰难无比，对家庭总无暇顾及。

每天忙着上班，策划主题，开会，和各类作者斗智斗勇。有时，谈好的合同有变，他时时陷入焦灼的状态，想着公司前景，员工生存，焦头烂额，导致长期失眠，他变得沉默，回家后甚至一言不发。

爱人却不懂得察言观色，时不时地和他说一些鸡毛蒜皮：要么孩子成绩提高或退步了，老人生病又好了，还有书房里新买了一盆兰花，晚上做了红烧排骨什么的。

开始他心不在焉的应对，渐渐走神，她仍继续说。回过神后难免有几分烦躁，大声说："我已经够忙够乱的了，以后你能不能不用这些小事来烦我？"

一阵沉默，他想一场争吵在所难免了，有些无奈，甚至有离开家的冲动。却听到她轻声说："我知道你有压力，只不过想和你说说话分散你的注意力，让家务事冲淡你的烦恼。行，如果你想安静，我就不再说了。"

他忽然心头一热，这世上愿意用说话来分散你情绪的人，除了爱人大概没有第二个人了吧。检讨一番，从此他回家后总是将工作放下，不将情绪带回家，主动问及孩子与老人，和爱人讨论着晚饭吃些什么？

毕竟是做大事的人。调整后压力也开始变小，不再失眠，状态越来越好了，慢慢阅历深厚，在泥泞里挣扎过，迎来好运。

他说，和自己亲近的人说说话，既能享受生活的美好，又能分担生活的压力，原来这才是相爱的最好方式。

经常听到很多夫妻说：两人现在无法交流，一张口就要吵架；甚至很多人下班后都不想回家，家里充满戾气，对方整日抱怨、唠叨，听不到一句暖心的、安慰的话，长期冷漠下的僵持，连孩子都对自己横眉冷眼，心总是凉的，更没有想说话的欲望了。

如果把抱怨换成安慰，把唠叨换成关心，把不满换成温柔，想必会好很多吧。

先生的朋友，以话少得一绰号"矜持哥"。你问他吃了吗？点头；今天忙吗？还行。你端起酒杯他说喝，没有多余的一个字。无论何种聚会，再狂欢的场面，人家也能Hold住，有人说真想撬开他的嘴看看是不是钢筋砼做的。他也只是笑笑，并无分辨。

后来，在某次新年聚会，要求各位带家属。却发现他像换了个人，口若悬河，妙语连珠，引得身边的夫人捧腹大笑，所有人面面相觑，原来他不是不爱说话，只是不喜欢和别人说话。

其实，把话说给自己的爱人听，是聪明的人。

有些人在外面不爱说话，除了性格所致，大多因为外面的世界让他经历过深深的失望，心生厌倦与胆怯。学会了避免无谓的消耗与敷衍，更重要的是学会了自保，因为缄默在处世里自有一种力道。

家却是一个能卸下面具的地方，无论肉身与世界怎样敌对抗衡过，但内心的柔软只在家人面前展示。

我和先生都不爱说话，他生性内敛，我则冷清。

每晚我们最常见的状态，就是他挨着客厅压低音量的电视，我躲进书房敲键盘，待几小时过去，我走出房间，大脑总有几分钟的游离与出窍，拥着抱枕坐在一边。他则一反常态，抽风似的，各种撩与侃。我常视他若透明，不耐烦地说，不能让我安静一会？

他嬉皮：你已经静了一晚，不和你说说话，都怕你抑郁了。

恩，很感动，原来不爱说话的他为了让我说话，也会从君子身秒变小丑脸的。

全世界总会路过很多人，但愿意留下来和你说很多话的人并不多，而能聊得来的人，必定是心灵相通，情深意长的。

很喜欢蒋勋的一段话："在这世上，如果有一个人是你关心的，那你就为他做一点事，给他一点温暖。当他忧伤时，让他靠着你的肩膀，这绝对是最重要的幸福感来源。"

而最温暖的表达方式，莫过于在这个世上，我想和你说很多很多的话。

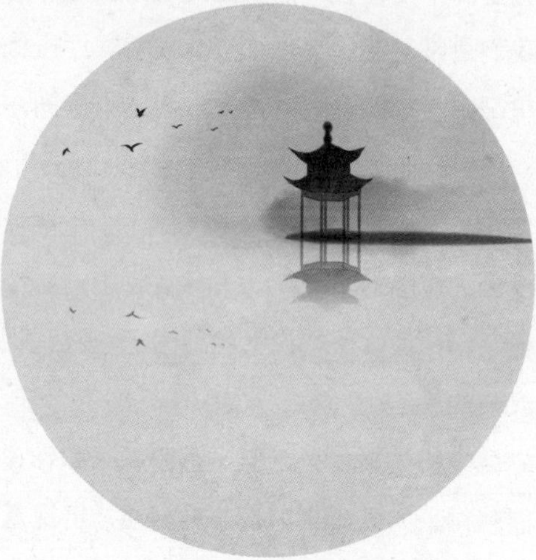

爱生活的女人，
都自带光芒

爱生活的女人，都自带光芒
请温柔以待身边的亲人
爱，比烟花寂寞
生而为人，我愿你从此不再孤单
你的生活态度，藏着你的幸福密码
来不及认真地年轻，就选择认真地老去
所有恶毒，都源于心里无爱
意外和明天到来之前，我想好好爱你
懂爱的女人，永远明白自己要什么
努力奔走的姑娘，大都活成了女神的模样

第五章

爱生活的女人，
都自带光芒

在我心中，一直有些女子，永远行走在人群之外，永远和现实不合拍。如天地间那棵突然冒出来的树，或山涧缝隙的草花，不挺拔，也没那么秀丽，可是在旷野中，却骄傲恣意地生长着，生命力极强。

半个月前，远在上海的小番茄给我发过来几张美图。

她奋斗了十年，半年前终于在寸土寸金的上海浦东买了一套老公寓，房子虽然很旧，又只有50多平方米，她却依然心满意足。热爱生活的她在装修后兴奋地发来几张厨房的图片，打上一行字："亲爱的，我终于有了烘焙的地方。"

小番茄，何许人也？

她是自由职业者，曾当过编辑，干过深度调查记者，整天跟踪揭露人性最隐秘的糟糕与丑恶，她说纪实写久了连心底都是灰色。刚好那时怀了孩子，就辞职在家做了全职妈妈，当然也成了全职写手，孩子两岁那年，她出了两本书，其中一本就是关于烘焙的。

所以在有了自己的房子后,她将仅四平米的厨房做成了开放式,做了很多收纳碎物的吊柜,留白了一小块地方做烘焙区,在网上淘了一把吧椅,她说大部分时间都在厨房,要么蒸、炒、炸、煮,见缝插针地看书。尤其在蛋糕进入烤箱后,倚着窗台,看着风景,嗅着面包香,一颗心都是甜的。

在她心里,最美好的时光莫过于在家安静地读书写字,恬淡地喝下午茶,专注地和孩子烤一炉蛋糕。做这些时,连女儿都会嚷嚷:"妈妈,我好幸福啊。"

现在,会赚钱的女人,很多!会生活的女人,却很少!

想起我另一位因文字结缘却从未谋面的朋友。

她的文字时常如一只带着灵性的彩蝶飘过来。她爱文字爱摄影,爱生活里一切美好的东西。所以无事时浏览她的朋友圈是我的享受:一杯茶、一条狗、一抹斜阳或者一袭背影,都被她拍得唯美而意境深长。

我知道曾是写字楼白领的她,穿着得体的套装与客户周旋,为了一套房拼命地加班挣钱,只想和男友在城里有一间属于自己的小窝。仅仅一年,曾一同走出小镇的男友,禁不住城里光怪陆离的生活而背叛了爱情,爱上了一个有本地户口的姑娘。

她哭过、恨过,百般折腾后逃回家乡做了卖茶的姑娘。奔波那么久,伤得那么深,才知道最适合自己的还是这种安静恬然的小镇生活。

现在白天有时待在茶室泡一壶好茶静待客人,或在网上闲闲地写着故事,又或者发呆。最喜欢的是到傍晚的沱江闲闲漫步,看江边斜阳与海鸥点点,耳机里AlanJackson的歌,好心情就像珠子一样散落下来,那是一天中最好的享受了。

她是个聪明的姑娘,将不堪变成了力量,并从容地活下去,活成诗。她说,没有谁的生活是一帆风顺地前行,暗礁和潜流总以各种形式出现,只看自己有没有抗击打与适应的能力,而我,已爬过高山、爱过帅哥、交过最好的朋友,也看过最美的风景,这就够了。

至于那个人,她并不急,迟早会遇到对的人,过上思慕已久的一日三餐、两人四季的生活。

生活就是这样,无论你愿不愿意,好的,坏的,它都会一股脑地跳出来,需要你用聪明、温柔、包容来接受这些常态,正常人遇到这些,总会情感波动,不经意被挫折击倒。

而有的人,看起来低调柔弱,却拥有一种力量,她们带着与众不同的气息,分外坚强动人,如铁栅栏外伸进来的迎春花,野生的,带着妖娆。

单位里,有这样一位女同事。

她在一次健康体检时查出了肺癌,是那种发病最毒的一种。才三十多岁的年纪,孩子待哺,父母待养,自己正年轻美丽,却突然病魔缠身,她以最快的速度去了省城,检查,确诊,手术,化疗,并休了病假。

所有的熟人都在感慨生命的脆弱。

一年后,她却意外地回来上班。皮肤比以前更白皙,脸也有了红晕,原来就好看,现在更好看。问及,从省城回来后,严格遵医嘱生活,适度锻炼,补充营养,当然心态也是最好的。听说换了房子,搬了新家,又办了瑜伽套餐,每天上班下班,甚至和好友结伴游台湾,现在再见,竟恍若曾被误诊了一般。

如果不说,谁也看不出她是曾被医生判了刑期的人。初时见了面,我都不敢询问病情,倒是她坦荡地聊来聊去,中间出了两次意外,又进ICU,输血的剂量抵得过常人全身的血液重新换了一遍呢,当然,想开了一切就好了,现在我吃得香、睡得好,当然活得也好啊!

嗯,吃得香、睡得好就好。因为生活躲不开柴米油盐、吃喝拉撒睡。

只是,人生是什么?杰克·凯鲁亚克的《在路上》说过,人类啊,你的道路是什么样子呢?无外乎是圣人的道路,疯子的道路,虚无缥缈的道路,闲扯淡的道路,随你怎么样的道路。

生活也是这样,是孤独的隐忍还是开阔的清明,它都需要智慧。

被誉为灵魂比古瓷更美更硬的名媛郑念,在"文革"中饱受迫害,她的双手在关押后被反扭在身后,手铐深深地陷进肉里,磨了皮肤,脓血横流,度日如年。有送饭的女人好心劝她高声大哭,以便让看守注意她的双手要残废了。她说:"我实在不知道该如何才能发出那种号哭之声,这实在太幼稚,且不文明。"

成就了"我们仨"的杨绛一生安之若素,霁月清明,百岁年华仍难掩其风华,读她留下的书,有隐忍叙述,偶尔一个情感浓烈的句子跳出,无不令人深感钝痛。体会她在痛失丈夫和女儿后,一个人独自收拾战场,继续读书、著书,强身健体,简单清静地生活,像一池碧水,经过狂风暴雨后自我平静,继续从容安静地过完了上帝给她的日子。

　　张幼仪被徐志摩离婚后,抹干眼泪,甚至在学成归国后,继续做徐家的干女儿,甚至还担任了徐志摩、陆小曼投资的云裳服装公司的总经理,以独立、宽容的强者姿态平衡了诸多关系。

　　红极一时的电影皇后胡蝶,在经历了与前夫长达一年的官司纠葛,再嫁潘有声,又经历了"九一八"事件背负红颜祸水的骂名,却被戴笠设计搬入他的公馆囚禁三年的不幸遭遇……还能优雅地转身回归,平静地活到了81岁。

　　不是不苦,在那个纷乱的年代,她们都有过颠沛流离的生活、情感纠葛的纷扰与贫困交织的折磨,却因懂得自修,用低吟浅唱、散步阅读来用心生活,将灵魂慢慢反转,在自伤中抬头,抑郁中清醒,那种低头嗅香、抬头看光的隐忍,真是好!

　　而现在很多女人早早将自己沦陷在物质与情感的泥潭里,任青春苍白、中年散漫、灵魂空洞、心灵无知,一路无谓地消耗下去,再回首,只会叹息,我怎么丢了自己?

　　而热爱生活的女人永远野生、自然地活着。古龙也说过,爱笑的女孩,运气都不会太差。

那么，爱生活的女人，终将因自带光芒而花开一生，又烂漫一世。

请温柔以待
身边的亲人

和一位朋友去外地出差，匆忙间她的身份证忘带了。着急下她打了电话给老公，等到对方送过来时，距离开车的时间只剩下几分钟了。她迎面对气喘吁吁的他吼道："你怎么那么慢？像只蜗牛一样。"

他说："路上堵车，开得慢。"

"那你不会打车吗？"连珠炮般的抢白令好脾气的老公摇摇头，叮嘱一句："路上要注意安全。"我看到她递了个白眼送过去，老公站在一边宽容地笑笑，挥挥手走了。

到了目的地，对方约好接站的人晚了点。陌生的城市下，我们焦躁地等着，好久才见对方一路小跑过来并一迭声地道歉，我担心她的火暴脾气上来，没想到她笑盈盈地说："没关系，我们也才到一会儿。"

前后判若两人，晚上在房间里我问她为什么对亲人如此苛刻，对外人却如此温和？

她说，家里人不会生气啊，外人搞不好会记仇的。

典型的亲远疏近，她却忘记了亲人之间的争执，是既伤了感情又会坏了心情的。

爱是什么？

就像那句话："好像突然有了铠甲，又好像突然有了软肋。"简单的一句话道尽了爱的幸福与苦涩。我们都明白爱的珍贵，却在现实中常被爱的人伤害。有很多人，在外广受称赞，谦逊有礼，在家却脾气暴躁，一言不合就发火，是因为都有一种心理，我和你最亲最近，你必须懂我让我。

所谓人和人的交往，说到底是信息之间的流动。通过眼神与嘴巴的交流，当然还有心灵，而对外人，都能做到用心，生怕说错了话，对亲人就没那么用心了，反正说错了话也不会计较的，不需要斟酌、思虑，恶言冷言脱口而出，根本没有任何顾忌。

有一次和几位朋友一起吃饭，在座有一位男士看起来礼貌有加，温文尔雅，不管熟悉还是不熟悉，一律周全挨个敬酒，在心里赞叹真是好家教。不过席间他接了几个电话却令我好感全无，对方听起来是同一个人，他开始语气还算温柔平和，后来对方又连续打来两个，他不耐烦地说："水阀坏了，我有什么办法？你自己下楼找物业修就行了。"

席间有人问他："是不是出了什么事？"

他说："家里的水阀坏了，你说我又不在家，给我打电话有什么用？有给我打电话的工夫，下楼找个人早修好了。"语气自嘲冷漠，我很为电话对面的那个女人而不平，忍不住说:"因为你是男人啊。"

他笑笑:"是男人,又不是修理工。"后来她又打来两遍,他索性直接挂断。

我无语,心说这样的男人既不负责任又没耐心,无视家人对他的依赖,家里一定时常发生争执。果不然,聚会结束后,我问起一位相熟的朋友,得知他家里并不和谐,时常因为大人孩子而闹得鸡飞狗跳。

聚会中另一对张姓夫妇早已人到中年,却因为举手投足的默契而羡煞了很多人。张先生因为氛围热烈多啜了几杯红酒,温柔的妻子适时地坐在一边将红豆藕汁换掉了酒杯,并略带歉意地对朋友说:"他最近身体不适要少喝酒,抱歉。"张先生一边说着"好,好",一边顺势而为地端起了藕汁,没有埋怨没有指责,一切都在温情中适度进行。

后来我们起身离开包厢时,暮春的夜里仍是凉,张太太被迎面的风吹了个寒战,张先生体贴地将外套给她披上,一切都那么自然又体贴入微。

爱里没有尊卑,温柔以待让彼此心生喜悦,那份喜悦告诉我们,在一起时,能看到你在我的心里唱歌,我在你的掌心跳舞。

冯小刚是我最喜欢的导演之一,不仅因他拍出那么多优秀的作品,更是因他对亲人的态度。出道多年,他并没有因为自己大导演的身份谨言慎行,反而因性子暴躁,言语犀利获得外号"小钢炮",他的不少言论颇具浓浓的火药味儿,不仅是对娱乐圈、投资方、演员甚至还有观众。

他在大学生交流时说，我不是观众的上帝，观众也不是我的上帝，如果因为我说这民族里头的东西冒犯了你们，就不看这个电影，我真的可以说你爱看不看，你要看这电影我还觉得"脏"了这电影。

在宣传《集结号》的片子时扬言，90%的电影作品不说人话。他称搞电影的行业为"当婊子行为"；在《笑傲江湖》录制中点评某组选手"扮丑"吸睛以获取观众掌声。后来听其解释后，再次发作说，这些观众真够变态的。

他一直以强势、不羁、调侃的作风出现在大众面前，谁又知道这个在外像虎的男人，在家人面前温顺得像只猫。

前段时间网上爆红了一篇冯小刚亲笔写的《我的太太徐帆》。他温柔地称太太为"徐书记""徐老师"。叙述自己如何听夫人的话，大到挑剧本，小到自己何时洗头，如何在夫人的严格管理下养成了"每天坚持洗脚换裤衩，袜子穿两天换干净的，小便完了不忘记冲水，晚上刷牙，不喝自来水管里的凉水，吃完饭擦嘴，烟灰弹在烟灰缸里，沙发垫坐拧巴了，离去前想着摆好放正，挂毛巾上下对齐等等"。

满纸怕妻言，却满满的爱妻宣言，怕妻则爱妻，爱妻则听话，听话才会百依百顺，百依百顺了必然柔情相待。这就是一位成功男人的待妻之道。

其实，越是情商高的人才越懂得珍惜与身边亲人的关系，不会容忍暴躁、冷漠出现在亲人身上。因为，那样看似伤的对方，实则是自己。

有篇文章说过："对身边亲近的人毒舌是一种病。"我说不仅是病，且病入膏肓。有些人理所当然地索取这个世上最亲近的爱，却从未想过对方也需要温情。

还有人认为，我在外面已经因面子和涵养活得够辛苦了，回到家释放郁积的情绪是天经地义，所以家里最亲密的人要容忍我所有的不合理，认为自己无论用何种态度对待对方，亲人都不会离自己而去。

却不知道亲人也会怨愤与不知所措。久了，会寒心；再久了，会离你而去。所以说这个世上，我们最该珍惜的情感，是与家人的亲密关系。

在这个社会，很多人都能尊重他人，却无法温柔以待身边的人，在失去时，经常有人感慨相爱的人走着走着就散了，朋友处着处着又分了，亲人待着待着变冷了。

却不明白各种美好的关系最简单的相处方式就是尊重与成全，因为尊重与成全本身是一个滋养自己的过程，是一种不张扬的厚实和一种优雅的温情。

而温情，很高尚，能带来体谅、温暖、信任与平等。每一个人，都应该学会温柔以待。

因为它，自己才能变成一个更好的人。

爱，
比烟花寂寞

李碧华说，最喜欢的花是烟花，最喜欢的颜色是男色。

我想她说烟花美是因为它的短促，短到来不及抓住。

就像民国时期很多女人，有的活成了女神，让美丽惊艳了一个时代；有的活成了传奇，才情温柔了一代人；却也有的女人活成了悲剧，一生彷徨，最后终敌不过岁月，醒了梦，梦了又醒。

阮玲玉最吸引人的，莫过于她身上的悲剧特质了。

就像关锦鹏执导《阮玲玉》的主题曲："蝴蝶儿飞去，心亦不再。凄清长夜谁来，拭泪满腮。是贪点儿依赖，贪一点爱。"

她生得美，夺人眼目，与众不同的是双眉之间、眼波深处藏着散不去的忧伤，曾与她合作过的导演卜万苍说过："她就像永远抒发不尽的悲伤，惹人怜爱，一定是个有希望的悲剧演员。"

一语成谶，她带着悲剧的特质活跃在屏幕上，忧伤注定如影相随。

短短一生，她在两三个男人间受尽屈辱伤害，以致飞短流长，又对簿公堂，吞药自杀，过早地香消玉殒。

从富家少爷失爱后堕入嫉妒的深渊里不能自拔的张达民,到薄情寡义的唐季珊,再到从来只爱自己的蔡楚生。

她曾向朋友诉说:"张达民把我当作摇钱树,唐季珊把我当作战利品,他们根本不懂什么是爱情,而蔡楚生看着我当众哭泣却不敢上前安慰我。"

悲剧从来没有一朝一夕,一切源于她对爱情的态度。

1992年,张曼玉出演关锦鹏执导的电影《阮玲玉》,里面有两个镜头,她一直笑着说自己很傻,也很疯。傻,是真的傻,那种为情傻;疯也是真的疯,为了演戏的癫狂。

电影里她吐着烟圈问唐季珊:"如果我和梁赛珍都是妓女,你选哪一个?"那时,她已经知道唐季珊在外另结新欢梁赛珍了,可还是若无其事地问心爱的男人,表面云淡风轻,内心却早已波涛暗滚了。

依然很傻很天真,傻到进可原谅,退可转身。

只是当傻和天真受到亵渎后,她选择用生命来维护自己。她如烟花,一瞬的美就活过了别人的一世。

如果阮玲玉像一朵灿烂易逝的烟花,那么上官云珠就像一颗孤独的寒星,短促清冷。她的美,是俏凤眼,尖下巴,眼角都充满风情。16岁那年,正值天真的年纪嫁给了一直等自己长大的张大炎,度过了一段美好的时光。

只是,季节更迭,人心会裂帛。

初入舞台的她初识"洋场恶少"姚克。一度绯闻甚嚣,报纸上还登出了上官云珠与姚克拍照并同居的消息，虽然她主动在《大众影讯》上澄清：尚在月前，我到何氏拍照，路上遇见姚克，顺便介绍他亦去摄了几贴，这次外间传言起因出于此，然若云如果即为同居，岂非笑话。

那时的她已加入了艺华电影公司，拍摄了《玫瑰飘零》，也主演了姚克执笔的话剧《清宫怨》，前途开始一片灿烂，姚克却开始追求罗敷有夫的她。

张大炎敌不过这种屈辱，提出离婚，离婚后，她和姚克闪电结婚。

看似美满，却仍是浮云，有些人的爱，像只蛹，它没有成蝶。就像青天白日里听到鞭炮响，没有看到烟花，只是响，如此而已，所以仅仅三年，姚克就另寻新欢。

那时她的前程早已花团锦簇了，拍了《天堂春梦》结识了男主角蓝马，两个人共同出演了5部电影，成了真正的银屏内外的银幕伉俪。

因为拍了一系列深远的《一江春水向东流》《万家灯火》《丽人行》那些剧，她跻身于大明星的行列。

而与蓝马的感情也瓜熟蒂落，他要向世人为她正名。爱很深，也煞费苦心。

不过，两人都因光环在侧，很是清高孤傲，随着激情散，爱渐淡，隔年不见去年人，泪湿春衫透而已。

1950年，上官云珠带着和姚的女儿嫁给了兰心大戏院的经理程述姚。

短短三十年间，她嫁了富商之后，成为业界名流，电影明星。只是逃得过情场风波的她依然未逃过那个年代。一生传奇的女子在"文革"爆发后，遭到迫害，不堪重辱，最终从住所一跃而下，宛如秋风的落叶，零零落落。

"我的一生要是拍成电影，谁看了都会哭的……"这是她在影片《太太万岁》中的台词，却成了她一生的结束语。

要写张织云了，却不得不提及她和阮玲玉的错乱。

她们居然是情敌，都爱过那个叫唐季珊的渣男！她们之间的另外渊源：第一个赏识阮玲玉的人居然是她的爱人卜万苍。

那时，她已经是中国第一位电影皇后了，荣誉来得过早，难免飘飘然。

虽然和卜万苍爱得热烈，却在名利场浮沉太深。走红后的张织云，醉心于纸醉金迷、人见人宠的情绪里，很在意交际圈里的那些豪门巨贾，这点很令卜万苍不满，薄情寡义的唐季珊乘虚而入，由此卜万苍遭到张织云的嫌弃，两人分手。

那时，唐季珊是茶王，但他早有家室，更无意离婚，可是醉于爱中的张织云顾不得名分，投入怀抱。很快，新一代娱乐圈又崛起了阮玲玉、胡蝶这些美人儿，而乱情的唐季珊又开始喜新厌旧追求阮玲玉，千般辗转，万般徘徊，转眼变成只见新人笑，哪闻旧人悲。

情场失意的张织云想重返影坛，但30年代的电影已进入了有声时代，她不会讲普通话，已难发展。

事业与情感的双重打击令她一蹶不振，在花光了积蓄，辗转了一些地方，据记载，于70年代死于香港街头，死前落魄到沿街乞讨。

想到1926年电影皇后的评选，在12名入选的女演员中，她以2146票当选为第一位电影皇后。

落此下场，难掩凄凉。

我是从电影《梅兰芳》问世后，才知道孟小冬的，她的绝世唱腔，她的真性情，她的清丽与才情，注定要受世人瞩目。

那时她少年成名，独占花魁。

1926年，一出花团锦簇的戏成了媒介。好多年后，我一直掩卷在想，如若当年台上的孟小冬没有刹那的恍惚，便不会有须生之皇与旦角之王的良辰美景过往。

一段《游龙惊凤》，让而立之年的梅兰芳爱上了19岁的孟小冬。

乾旦坤生，颠倒龙凤，众生痴迷，良人倾慕。台上，风流英俊的皇上娶了楚楚可人的李凤姐。台下，青春娇美的小冬嫁给了名伶梅兰芳。恍惚戏里戏外，痴迷台上台下。

只是，无论是哪个年代，爱情都敌不过婚姻。

那时她是幸福的。因为情根深种，她不介意做偏房，就像那句诗："薄命怜卿甘做妾"，直到多年后才悔，才声明在《大公报》上："当年年幼，世故不熟。"

这份声明无外乎几个原因：一是著名的"冯宅枪击案"，孟小冬的粉丝持枪上门，心中女神嫁了，心中不平，导致梅兰芳自保时误杀好友张汉举，这成了两人迈不去的坎。

二是将梅兰芳一手带大的伯母去世，孟小冬披麻重孝，头戴白花前来守灵，却被二夫人福芝芳用肚里的孩子作筹码以死相拼，不许她进门，梅兰芳无力阻止，让她凉透了心。

看似这些理由，实则婚姻的磕绊谁又能懂？

说到底，你在此岸，我在彼岸。

原来两情相悦，并不能生死相依，最终落得劳燕分飞。

情深不寿，爱极必辱，回去后的孟小冬大病一场，随后去了天津，对梅兰芳避而不见。1933年发分手声明后，她将心思全放在了事业上，后拜四大须生之首余叔岩为师，得其真传成了女须生。

弹指间，上海滩的大佬杜月笙60岁的寿宴，同时邀请了梅兰芳和孟小冬，这场义演空前盛况，令影迷遗憾的是，在孟小冬的授意下，杜月笙安排他们错过同台演出。

这一错，便是终生。

1950年，43岁的孟小冬再嫁63岁的杜月笙。这个上海滩令人生畏的黑帮老大，对于孟小冬，却是温柔绵长。

这一次，他给了她在梅兰芳那要而未得的名分——名正言顺的杜家五太太，还有一份内心的独惜！

她一生未绕过这两个男人，爱谁多一些，并不重要，前者给了她少女情怀，后者给了她半生平稳，倒是她为爱飞蛾扑火，情绝转身，壮士断腕的果敢令世人叹息。

这世界没有谁离不开谁的人，只有迈不动的腿和软弱的心。这世间，有活成阮玲玉、张织云、上官云珠那样短且仓促的一生，也有如孟小冬一般在爱中决绝，成就了事业与爱的女人。

不为情累，不为爱苦。

好的感情是成全，坏的情感却是消耗。

它能消耗掉女人的才情、容颜、快乐，甚至还有生命。生活里大多数的坑都是自己挖的，并心甘情愿地跳进去。有些人明知对方是垃圾，却仍贪恋那一点温度，顾不得廉价与自尊，苦苦等，慢慢求，隐忍，依附，半生，甚至更久。

最后，爱久了成恨，恨久了成灾。

曾经的山有木兮木有枝，说到底，只不过一切才开始，就结束。只是过程太过寂寞萧瑟，那份凉，倒不如初始狠下心的断舍离，来得痛快！省得灰飞烟灭，又或魂飞魄散。

生而为人，
我愿你从此不再孤单

乔任梁这个名字，我是9月16日从微博上才知道的。那天他在上海桃浦地区某住处深夜身亡。

隔日，他所在的公司发官方声明，其因患有抑郁症而自杀。

抑郁症，让人唏嘘。

有很多人质疑：明星还会患上抑郁症？风光无限又家境优渥，那些穷人都还没自杀呢。

语气刻薄，无知无惧，却不知抑郁与谁都可能不期而遇，它是不分年龄、性别和职业的。

它是所有成年人在生命不同阶段难免经历的一些绝望和低潮期。

不仅仅是一个挫折，一点难过，一丝心痛，一缕萎靡，而是精神与心灵双重的低落，分裂，自残到自杀的环节。如果没人能正确地开导与积极治疗，能一步步吞灭病人心里的光与爱，希望与热情，最后只剩下遗憾。

我见过这样的人。

有一户人家，姐妹们都生得漂亮，纤瘦苗条，清秀灵气，只有她臃肿无比，脸似银盆，后来才知那是因长期服用抗抑郁药物而变得浮肿的。

邻居们都喜欢谈论新邻居，说她曾被一个男人骗了感情与钱，初时不顾和父母决裂拼死结婚。婚后才发现爱上的是个渣男，遭遇过男方出轨，又被家暴后又拼死离婚后，男人为了报复，剥夺了她作为母亲探视孩子的权利。时间久了她开始日复一日地怔忡，家里人说她脑子坏掉了，人魔怔了。

有时她会痴痴地盯着别人的小孩子发呆，也会伸出手去撩拨他们，小孩子都会哭，所有人都躲她，背后说她是精神病。

平时，她还算安静，只是每到油菜花开的季节就会发疯。

她光着身子乱跑，或歇斯底里地哭，亲人们都是要面子的人，每到那时节都要送她到医院，开一些镇静安神的药维持，病时好时坏，只是西药的副作用很大，激素让她不可避免地浮肿、嗜睡，人更显痴呆。她也时常走失，隔些日子就被好心人送回来，她的嘴唇越来越紫，心脏渐渐承受不了负担。

后来，她死了，不是自杀，死于心脏衰竭。

那时，家人嫌弃她，邻居漠视她，小孩子都怕她，所有人知道她曾背负过什么，把她的经历当作笑话来谈，却从来没有人真正关心她。

某天，我读到张爱玲的那句话："笑，全世界与你笑，哭，你便独自哭。"心里忽然闪过她那张臃肿模糊的脸，和那从不轻

229

易张开的嘴。

　　偶尔父母打骂，姐妹埋怨，也从来没听过她为自己辩解什么。就像乔任梁，选择离去，解脱自己，给世人授以诽语，他也不在意，对于一个连生命都不在乎的人，早已看淡一切。

　　所以吃瓜的看官，更应该目不斜视，嘴有遮拦，这样才是对一个死者最尊敬的态度。

　　因为抑郁症，是这个世界上最孤独的人群。

　　有人称他们为边缘型的人格障碍，有人说他们是精神病人，正常人对这种病仅仅限于一个名词而已，只有身处其中的人才能体会什么叫作真正的绝望，绝望到想死。

　　抑郁到骨子里的人，最终都会选择结束自己的人生。

　　比如哥哥张国荣。

　　他以一种独特的方式离开，24楼，纵身一跳，怎样的孤独才会如此决绝。遗书只寥寥数语：Depression（沮丧，抑郁），多谢各位朋友，这一年来很辛苦，不能再忍受，多谢唐先生，多谢家人，多谢肥姐，我一生没做坏事，为何这样？

　　彷徨、失措、纠结，最终选择弃世，当时很多人说这是一个同性恋的懦夫结局，却没人能真正懂得一个抑郁多年那无法言诉的痛苦。

　　而他公开的同性爱人唐生，却在他离去多年后，以一种宣言来纪念他，2016年9月2日上午，他上传了一张画廊的照片，此画廊被称为"LESLIEGALLERY"，而张国荣的英文名正是

Leslie。网友们都纷纷表示，有一种感动，是你们之间的感情。

这个男人是真的爱他，曾在他患了抑郁症后一直不离左右，即使这样，他还是没斗得过抑郁症，哥哥的纵身一跳，让爱人痛失爱人。

除了张国荣，还有很多名人自爆抑郁的痛苦，被称为"阳光男孩"的周渝民，曾称因为抑郁做好随时去死的准备；歌王周华健爆自己因抑郁一度不愿出门，经常躲着哭；陆毅曾因为少年成名，戏路困顿，在家酗酒、玩电玩，甚至自残，说只有疼痛才能让自己清醒；名嘴白岩松曾坦诚失眠长达一年，时常出现自杀的念头……

有人说是因为压力太大才患上这种病，其实普通人压力大同样会长期失眠，情绪焦躁，严重的会导致想不开而抑郁。

据统计，中国每15个成年人里就有1个抑郁患者，还有一种隐形的抑郁症，他们的内心充满了无助感，却不自知，只是一味地发牢骚，没精神，情绪坏，所有的无知无助，最后都变为无望。这些都成了压垮他们的最后一根稻草。

我曾见过一个姐姐活得风光，但无趣，时常隐忍着情绪。某天，她终于因某件小事忍不住地崩溃，当场号啕大哭，令身边人手足无措。

我拍拍她，"哭出来就好了"。因为那样至少能缓解内心的痛苦。

隐忍太久，憋闷太长，精神始终紧绷成弦的人，难免有一天失态，那才是最让人焦虑的。

可是找一个能说话的人，真的很不容易。姐姐说过，站在马路上熙攘的人群里，会升起一种深深的孤独。日子虽然过得无忧，却始终缺少一种温度。

我知道，她缺的是爱！夫妻关系长久的离析，让表面光鲜的她优雅舒适，万籁俱寂时彻骨的冷。

因为她的老公自认给了她地位，安稳，多金，灵魂无须碰撞。

我心里突然对她无端地生出很多疼，因为一个生命的丰盛，远比物质来得重要。在爱与宠溺中明白，那才是人生的另一种富足。

"每个人都是一座孤岛。"

这是我看过最动容的抑郁患者独白，他们就像一座漂浮的孤岛，黑夜足够漫长。

是的，孤岛，很多患者都会把自己封闭起来，因为封闭是他对抗外部世界的本能防御。能暂缓伤痛，却堵住了发泄的出口，让人在里面逃不出，挣不脱。

其实所有的抑郁都有根源，而根源就是那一缕灵魂的无所归依。

我曾探望过患了此病的亲友，各色病人被关在一间厅里，三面白墙，一扇铁栅栏，她们各种姿态，或面壁，或独语，或妄想，或呆滞，有的为防止自残与伤人被五花大绑在铁椅上。种种精神疾病，而抑郁只是其中一种，它的最坏结果，就是想死，死了，化羽而去，一切就解脱了。

我也曾在桥拱下、通道的入口，见过流离失所的患者。他们衣不蔽体，扒垃圾存活，运气好的被送往救助站，运气坏的可能在暴风雪夜冻死……观念的扭曲，信息的匮乏，资源的紧缺，亲人的嫌弃，像笼罩的浓雾，让无数患者迷失在求医治病的路上。

……

我看到他们的脆弱与孤单，甚至可怜。

作家茅于轼曾在《中国人的焦虑从哪里来》一书中，深刻地剖析了影响国人情绪及心理的九大根源：社会不公，高房价，贫富差距，特权横行，收入低，就业难，应试教育，环境污染以及情感导向。

这才是生而为人，又无法自救的真正根源。随着生而为人的欲望，它越深，越纠结，越能抹杀一切快乐与希望。

所以，人要活得有趣，才能真实、任性。因为灵魂的喜悦才是真喜悦，灵魂的自在才是真自在。

而成年人能看到的全是隐忍，过分的隐忍就成了自我封闭，由不得别人的指点，只是如果你不勇敢，这世上没人能替你坚强。

每个人的未来都会遇到各种苦，对于我们这些活在人间，尚存一丝美好的灵魂而言，但愿那份美好能成为自己光明的使者，照亮自己，也照亮他人。

从此，不再孤单。

你的生活态度，
藏着你的幸福密码

我每天上班，都要经过一个很市井的地方。

那条路上有小小的菜市和一家早点铺。有一阵子我很喜欢喝早点铺的粥，小米燕麦熬得黏稠，勾上细粉，香滑细腻，我每天清晨赶在七点四十那班车前喝一碗粥。时间长了，我对他们有一种陌生的熟悉感，彼此会笑笑，很少说话。

有一次我去晚了，客人也少了很多，夫妻俩在吃早饭，男人抽着一支烟坐在那儿休息，女人煮了一碗面端过来。我看到大海碗里是简单的清水面，卧了个荷包蛋，还有几根青菜。

男人接过去，大口地吃着。

我很奇怪，问她，你们家有各种粥和包子，怎么还单独做面条呢？

她笑笑，他就爱吃面条这一口，所以每天早上为他做一碗面是雷打不动的！

哦，看着他们，心里忽然很温暖，生命中最欢喜的莫过于身边人隆重地对待自己的喜欢吧！

生活里有很多细节充满仪式感，也充满爱。

却总有人与它们失之交臂，心不在焉地错过，这些跟内心对生活的态度是有关系的。

有一位很喜欢旅游的朋友，她去过很多地方，每天拿着精心修理的图片告诉我们，这是埃及的纸莎草画，非洲的动物头骨，云南的扎染毯子……她在朋友们羡慕的目光里怡然自得，瞧，我去过多少地方。

却不知她为了省钱，每到一处城市只住一夜要20元的通铺，吃路边摊。她不觉得辛苦，并为用省下的钱多看了很多风景而偷偷乐。

有一次，她在住地下室时，因赶路睡得太沉，遭遇同室的小偷，钱包和手机没了，用口袋里幸存的零钱吃了一碗凉皮，喝了一碗水，结果因为心情郁闷又受了凉，突然病倒了。那次旅行结束，她千难万难地回了家，发誓再也不贪图便宜，以免误了大事！

真正触动她心灵的是她父亲的突然离世。

老人家一生节俭，生活朴素，当然我们的父辈都如此，其实，她们家的生活条件很好。父亲一直开着私人企业，不大，却也收入可观，只是老人习惯性地过苦日子，常常三餐随意，儿女们孝敬的好酒舍不得喝，说留着来了客人再享用，总是一个人到外面的小卖铺打一些散酒回来，辛辣又无味。老伴给新买的衣服，只是用手摸了摸，嗯，挂起来，留着好日子再穿，却因遭遇意外而突然身亡。

她为父亲整理旧物时，看到酒柜里很多未开封的好酒，衣柜里几件带着商标的新衣，忍不住黯然泪下，她才发现将来是个很遥远的名词，而生活却是一个近距离的动词。过好当下的每一天，才是最重要的。

　　后来，再外出，她会详细地做旅游攻略，找经济实惠的旅馆，周到至附近的美食馆，也不是每天对着风景摆pose，而是用心体会大自然。

　　她说，我从父亲身上看到了遗憾，人活着每一天都应该与众不同，没必要苛求自己。

　　因为生活的仪式感并不是你去过哪些地方，而是那些地方给你留下多少美好的回忆，也不是你拥有了多少好东西，而是这些东西你是否享用了。

　　有的人一直很有仪式感，在周末的黄昏去喝一杯咖啡，每天去游泳健身，去电影院看夜场电影，却忘记给自己做一顿可口的夜宵。

　　有的人家里有琳琅各式的葡萄酒，和双立人的刀具，成套的细瓷餐具，却在吃饭时从抽屉里摸出两个塑料小碗，我指着她漂亮的瓷碗问，为什么不用那个？她说，那个摆着好看就行了，太娇贵了不经摔！原来她的生活只要好看就行了，将美丽束之高阁，远远地观着就好！

　　还有的脱掉声雨竹的羊绒大衣，里面是洗得破边的毛衣，脱掉精致的高跟鞋，里面是松垮的袜子。

也有的流连于人群的热闹喧嚣，却忘记独处时阅一本书的娴静养心。

"如今休去便休去，若觅了时无了时。"

过去了就过去了，就再也寻不到了。就像顾城说的，那些花儿，已经远了！却也有人能将花的馥香留在记忆里，一辈子。

女友小菇说过，生活反复而冗长，那份生动与灵气全靠内心的滋养。

她酷爱购买内衣，每次逛街都要逛内衣店，她懂得无肩带的都是用钢圈来支撑胸部的，只能穿露背装，久了会不舒服。无缝的适合搭配紧身衣。前扣的更便于穿着。长束型的能把腹部的赘肉兜往胸部集中。她熟知各种款式利弊，对品牌又如数家珍，但她独爱戴安芬。

有时，我看她一套内衣抵得过一件外套的昂贵，也会抗议："差不多就行了，穿在里面别人又看不见。"

她说："我又不是穿给别人看的，自己舒服了比什么都重要！我只取悦自己，至于男人，爱你的才不会在意你的内衣好不好看，只在意你是否舒服。"

这倒是，我记得查尔斯曾对米拉说："我愿意你不穿胸罩，也心甘情愿当你的卫生棉。"

初见这句话，惊天动地。现在看来与她异曲同工。

原来，生活就是各种方式的爱自己。

当然，爱自己的人也热爱生活。她的厨房里永远煲着汤，各种养颜的,荤的素的,用心地享受着。那种干净纯粹地活着,流露出忘形的陶醉,却藏着她热爱生活的仪式感。

实在是幸福!

生命里很多仪式感源于自然,那些微风中的晨光,银杏树洒下的枯叶,落叶与青苔,还有初冬的沉寂与静,好像都那么可爱。

很多人抱怨不快乐是因为活得没有仪式感,却不知仪式感由内散发,它是每天睁开眼睛说对身边人说的早安,分别时的拥抱,餐桌前的交流,聊天时放下的手机。这些尊重和热爱,才能让人在平凡的琐碎里遇见幸福!

没有这些,人生就显得不够庄重,情感不够认真,生活显得粗糙,人心那么脆弱。

所以,我们对生活的态度里,藏着各自幸福的密码。

来不及认真地年轻，
就选择认真地老去

我常常喜欢一个人，从街头穿过街尾，进胡同过小巷。

最爱的一条小巷，它窄窄的，青砖路，经年阴暗的地方，长满青苔，提示着它的沧桑，像人生。

每年初冬，总有很多老人搬着躺椅，迎着冬天的太阳闲闲地坐在家门口，脚边偎着一只猫或一条狗，看起来几分慵懒，更多的却是暮气。

出了这个巷子拐个弯就是大广场了，那里有另外一群老人，顶着银发，迎着朝阳或落日，伴着轻快的音乐，在金黄的银杏树下跳舞，虽然步子不那么正规，腰身也不再柔软，却认真、努力地跟着节拍。很感慨，差不多大的年纪，却是活在两个世界里，一个随着暮年而进入暮年，另一个却在暮年里跳出了青春的模样。

同事那几天中午都坐公交车回家，给读中学的女儿做饭，急促火燎。我们很奇怪，她家里一直有老人在照顾。

她说，公公与婆婆去旅游了，这次台湾。

嗯，她的公婆是旅游达人，一年总要出去三两趟，每次出门前都郑重说明,一周之内你们自己带孩子,我们不管了。

同事很通情达理,也理解老人,年轻时没钱、没闲,现在老了闲下来了,是该出去走走了。我曾在她的朋友圈里见过她分享公婆站在海南的碧海蓝天下笑得肆意昂然。

前段时间,她婆婆说想将家里的厨房重新装修,据说家里除了公公,哥哥姐姐们都持反对意见,并异口同声:都这么大年纪了,瞎折腾什么,再说了,老房子翻新是最难弄的,我们都没时间啊。

可是,两位老人固执起来,并且一致地说不要你们操心,闲下来就回来看一眼,于是孩子们该上班上班,该做生意做生意,真的不再过问。

同事不放心,回家看了几趟。

第一天,看灶台砸了,墙壁掏了个奇怪的洞,没了灶具的两位老人就用一个火炉在过道简单地炒个菜;第二趟,旧门窗都卸了,说要换;第三趟,换了面砖。每次,老人都争着告诉她今天干什么了,明天要贴砖了。

整整一个月,除了几件新灶具和空调是她们替买回来的,其他的都是老人像小鸟衔巢般地弄回家。

那天回家,她看到厨房里一片明亮,整洁,新墙砖泛着柔和的光,餐桌上铺着美丽的蕾丝桌布,摆着新的细瓷餐具,虽然吃得很简单,但老人认真的模样却让她感到慰藉。他们认真而执着地做着这件事,大概不仅仅为了弥补年轻时清苦的遗憾,更是他们对生活的态度。同事说那一刻终于明白了"老是相对的，而老去却是绝对的"的含义。

容颜易老，彩云易散。

这是自然规律，没有人能够抗拒，但能在老去时依然丰饶，不拘谨不呆板，不故步不愤世，才是有气度地老去。

这个周末，老妈打电话来，要我在网上给她买一双大码的舞蹈鞋，what？41码的舞蹈鞋，谁见过？

我感到新奇，随口问她，您又学跳舞了？

这个"又"字，囊括了这些年她在老年大学练的书法、二胡、国画，每一样都学得像模像样，她画的山水画，我裱好之后挂起来可以充当某个大师的仿品了。每次小小的夸奖都令老妈眉飞色舞，然后她会更认真地学习她的下一个喜欢。

想起当初要她上老年大学，无非想让她能有个打发自己的时间。那时我认为老年生活是孤寂、清苦、无聊的。

却没料到她活得有声有色，很快结识了几个老闺蜜。我见过那一群老太太，满头银发，背着画板，穿着鲜艳的运动衣，走在落日的街头，笑着闹着，像几个孩子。

前段时间，她要求我给她换个手机，智能的。看她的老年机完好无损，有几分诧异，一向节俭的人怎么了？

她解释，我们年轻时，没有这些新鲜的时髦品，上山下乡，回城安家，生儿育女，抚老养幼，能兼顾就不错了，好不容易你们长大了，自己又老了。

我们也要像素高的拍照，要用 APP 听书，记起那次我用手机给她在喜马拉雅里下载了一篇我的音频文章，我妈意犹未尽，还要听"说书"，当然还有微信。

我睁大了眼睛。却利索地说，OK！

她又来一句：你周姨说了，我们要把年轻时缺失的，一样样都补回来。

这句话听起来雷同了三毛的那句经典："我来不及认真地年轻，待明白过来时，只能选择认真地老去。"

上一代的老人，年轻时几乎都过得匆忙而潦草，我印象里母亲下班后永远在忙家务，做饭择菜，洗洗浆浆，快到上班了，匆忙扒几口冷饭果腹就走了。

经济紧张，精神疲惫，永远都是凑合的状态。

即使现在很多人步入老年了依然是衣俭、素菜、饭剩，接送孩子，像一个免费的保姆，我一位朋友说她的父母永远活得像个下岗职工，其实两位老人的退休工资甚是可观，只是他们舍不得。

他们一生为了生活奔波到力竭，对子孙柔软到慈悲，体贴到卑微，却独独忘了疼爱自己，生活潦草，行动困顿，脚步永远不会超过家方圆三公里，让人看了心疼。

他们不是不爱生活，只是不爱自己。

一代一代，如此往复。

其实他们不知道，如果可以，在教育后代的时候，不妨先教会他们为何热爱生活。因为有些东西的确会遗传,好的或不好的!

而每一个热爱生活的人,无论他正年轻或在老去,都值得任何人尊重。那种尊重,不管你来自高耸云端的写字楼,还是面朝黄土背朝天的乡村。

他是心有沉香,不惧浮世的旷达和自嘲,是懵懂的世界里无法懂得的人生!

而且,他们,老了,不怕。

可怕的是那些未老已老,或是老就老了的人最可怕。暮气刚生,内心就散发出一股尸味——我已经老了,我在等死!那种还没看到日出,就盼望日落的神情,很吓人的!

而那些已见过最好的,承受过最坏的,不再疲于奔命,又能平和地对待这个世界的人,总会明白:即使老了,也会选择优雅地、认真地老去!

像一片叶子,轻轻地晃着清慢的光阴,从葱绿到枯黄!

所有恶毒，
都源于心里无爱

清明节前夕，单位组织了一项参加某地方革命遗址的红色活动，包了一辆大巴车。随车的女司机是一位同事介绍的亲戚。胖胖的身材，微黑的脸，说话中气十足，看起来很彪悍的样子。

女司机一路上将车开得虎虎生风，盘山路绕得女同事们七荤八素，大呼小叫，心里又惧又痛，偶尔路遇抢道的小车和山民，她张口闭口满嘴裹挟着国骂，让我们的心情糟透了。

行程结束后，我们的分管领导向介绍她的同事小张投诉，小张给领导弯着腰打着哈哈："见谅啊，婚姻不幸福的女人，往往脾气都很大，不过她的驾驶技术可是一流的。"

看我们不解，小张叹了口气说：唉，其实我这个亲戚也曾是一个好女人，温柔体贴，笑不露齿。只是后来她的婚姻就像古希腊人爱玩的"木马计"，老公开始在外面"明修栈道，暗度陈仓"。等她后知后觉地质问，他居然说，家里太压抑，你又不懂风情。那时她刚刚下岗，为了挣钱和别人合开起出租车的夜班，黑白颠倒，哪里顾得上风情？

争吵日益繁多，也曾闹过离婚，却因为分割财产与孩子的抚养权而弄得疲惫不堪。长期冷战下，两个人无所不用其极，拼命置对方于不堪。她开始越来越彪悍，他也开始更恶毒的反击。

"你看你还像不像个女人……"

"你就和你妈一样，根本就是个疯女人。"

交恶多了，她开始歇斯底里，遂冷战，她自动屏蔽内心，任由男人在外放荡，她只对女儿负责，并我行我素，开始抽烟，像个男人一样抢道、抢客人，一言不合开骂，成了同行中的霸主。

有时她脾气上来了，和丈夫一阵厮打，一个人时，她可以一整天都不说话。她认为自己很失败，每天用彪悍的样子来掩饰内心的无助，对世间一切仿佛早已看穿，心提早进入暮年。

领导悠悠地来了一句："婚姻是个什么东东？能将一个女人变成魔鬼？"婚姻当然不能将女人化为魔鬼，但它是一个魔盒，它改变了两个人，将曾爱着的两个人变成一对怨偶，付出再被藐视，情化尘，爱归土，几多讽刺，任谁都难以接受，而承载最多的那一方，内心的愤恨被呼之欲出后，恨不得真的放手……

我对婚姻最美好的向往，源于一段民国结婚证上唯美的证词："两姓联姻，一堂缔约，良缘永结，匹配同称，看此日桃花灼灼，宜室宜家，卜他年瓜瓞绵绵，尔昌尔炽。谨以白头之约，书向鸿笺，好将红叶之盟，载明鸳谱。此证。"

一纸婚约，红鸾绿鸳，并蒂莲开。想必比现在的结婚证更为简洁浪漫，让每一位待字闺中的女子与陌上走来的少年心魂摇曳，又心动不已。恨不得分分钟化身为徐志摩的那一首诗："我是等着你，天边去，地角也去，为你，我什么道儿都欣欣然的不踌躇地走去。"

说这话的人，想必还不知婚姻是命断爱情的杀手。

一段感情成长为婚姻，除了缘分，更多是缔结的必然，它是爱恋的归宿和情感的升华，宣告了两个相爱的人在一起合法地买菜、做饭、生子、理财、老去。

漫长岁月，聊伴一人，如果没有足够的耐性与爱，难免在时光里恨意生，怨气长，直怪一生太漫长。

我每天在公众号后台收到很多朋友留言，其中最具代表性的是多多妈，她的留言充满了愤恨，满屏的激进与恶劣，字里行间中我看到她在婚姻里剑拔弩张，硝烟弥漫，甚至一触而不能收拾。

后来，我才知道她和老公并无任何原则的问题，只是在日常琐碎的生活里你不容我，我不容你。多多妈是一个喜欢较真的人，她的老公又性格强势，一局败了，两局扳回。由小吵到大闹，由动嘴到动口，不多，三五个回合，就形成了她如今婚姻的相处模式。

她说话，他看在眼里觉得浅薄、做作、矫情。

他做事，她觉得愚不可及，又低俗笨拙。

她说："若不是看在孩子的分上，我一定早早离婚。"

我问："离了，你就能过上想要的生活吗？能确保遇到的下一个人能符合你的理想吗？"

她哑然："离了就不再结了，一个人过下半生。"

我摇头，这世界，谁离开谁都可以生活，甚至可以顶着自由、另类的作风活得更洒脱一些，只是我问她为什么你有了离婚的念头，就没有修复挽救婚姻的勇气？

"没有修复的可能了。"语气根深蒂固，又冷硬如铁。背后透着一种拒绝沟通、配合、了解与重新开始的勇气。那个人，她已经毫无兴趣了，你哭也好，闹也罢，生或死，她都无所谓了，也完全不在乎。其实，婚姻到了这个程度，真的很可怕。如若能理性和平地分开，倒也是最佳的良策，只是如若将就，倒不如拯救。虽然很难，却总有一丝希望！

时常听到："婚姻这么苦？早知道当初不结婚了。"

就连我身边的几个闺密，她们家庭关系和谐，老公又温存体贴，时不时地还吐槽，为什么要结婚？包括我，偶尔也在烦恼时自问那么一句，为什么要结婚？

其实这一切不怪女人矫情，也不怨男人倦怠。

因为所有人在热恋期一过，就很难再对身边人保持无条件的接纳与容忍。面对充满各种千奇百怪问题的婚姻，都怪罪对方，进行人身攻击，又不懂包容，久而久之，关系变得异常冷漠，又都心存不安全的感觉。

人，还是那个人，只是好像活在了另一个世界里。

常在朋友圈里看到类似"什么样的女人注定悲剧""什么样的女人才会幸福地过好这一生"，其实所有的事物都没有那么绝对。

因为婚姻,看起来很抽象,做起来却是细节,细节具体到一个亲吻,一丝微笑,一个安慰和一个拥抱,甚至一顿用心的早餐,虽然简单,但天天如此却很难。

我读《点点梅花为我愁》一书时,喜欢里面林语堂对婚姻的智慧。他说,"太太喜欢的时候,你跟着喜欢;太太生气的时候,你不要跟着生气。""要把婚姻当饭吃,把爱情当点心吃""婚姻就像穿鞋,穿久了,自然就合脚了"。字字珠玑,表述了他在婚姻里面对所发生的任何琐碎,都充满了体贴感。

……

其实,每一个人努力体贴对方的同时,实则体贴的都是自己。

我曾在某论坛里看过一个问题:"婚姻里什么是最痛苦的?"

答案自是五花八门:没人带孩子啊,同床异梦啦,还有背叛、婆媳不合之类的,其中最打动我的莫过于一句:"我曾待你若珍宝,你却视我如芥草"。

寥寥数语,落寞凄凉。

婚姻里只有非常用心的那一方,才会将爱人视若珍宝,往往那个被当作宝贝的人未必懂得珍惜,也不明白世间所有的好都是相互共鸣的。唯有共鸣,才能举案齐眉,相濡以沫,再白首偕老。

过日子虽然将两个人打磨融合,但双方实则仍是个体,争吵时很容易看到对方的缺点,会经过抱怨期、指责期,这时宁愿在争吵时由对方打磨,也不要被他忽略和轻视。再不完美的婚姻,也好过在争吵里变得不完整。

所以，不要随意诅咒婚姻恶毒，恶毒的不是婚姻，而是里面的两个人失去了爱。这世界有太多完美的夫妻你根本没看到，而每对完美的夫妻，必定是两个人一起在婚姻里成长。

它还需要男人在婚后做到不无耻，不无能，女人做到不强势，不贪欲。这样，女人才不会因为婚姻失去自我，男人不会因为自我而失去婚姻。

最重要的是，一个男人不要把逗笑自己女人的机会让给别人，而一个聪明的女人也不要将温柔展现给外人，彪悍留给自家男人。

意外和明天到来之前，
我想好好爱你

　　小长假里，为了完成我的小目标，我几乎大门不出，二门不迈，一心一意蜷在一间十平米的房里写稿，希望不受外界打扰。

　　只是即使这样，有些意外仍是"如影随形"。

　　4号那天朋友来电话，说桑丫头出了意外。心里一惊，怀孕的她一切都好，早早备齐了一切婴儿用品，准备迎接新生儿的到来。五年前已有了一个女儿，现在得知腹中怀的是个儿子，一女一子，生下来凑成一个"好"字，她的人生处处充满了喜悦与期待。却不料，她怀孕后患了妊娠高血压，现在预产期还没到就有了痛感引发了并发症，入院后急速转院。

　　然而，为时已晚，医生说晚送来5分钟大人就保不住了，何况孩子？等将她抢救过来，再剖宫取出孩子，孩子早已没了呼吸，据说她在晕厥之前，哭喊着："我的宝贝，哪怕让我爱你一天也行啊。"闻者动容落泪，希望这个有缘却无分的小东西，灵魂得以安息。

　　永远没有人能知道，明天和意外，哪个先来。命运的安排，偶尔带着一丝捉弄的成分，很残忍，每天睁开眼睛，朝阳如昔，十月却如此薄凉。

好友的父亲，也在这个假期里去世。

老人家一直健康硕壮，前些天意外摔倒后卧床不起，短短几天，人就不行了。朋友紧急通知了远嫁的姐姐一家，无奈假期里买不到高铁票，自驾的高速被人海堵住回家的路口，火速订了头等舱的航班飞回来，老人一直撑着一口气，等女儿回家。

亲人团聚，悲中带喜，喜中藏忧，他见了女儿后精神好了很多，喝了一碗粥，讲了很多话，一家人喜笑颜开，却不知那是回光返照。夜半老人离世时，姐姐哭得死去活来，疼到抽搐倒地，哭喊："怎么不再等等我，我还有那么多的计划没赶上，我想带您和妈妈旅游，我想接您到我的城市里居住，我想……"

朋友说咱爸那么健康，注重养生，平时连伤风感冒都没有，所有人都说他能活到一百岁，却想不到世事如此难料。

姐姐抱着他大喊，弟啊，我们成了没爸的孩子了。那份悔，那份疼，只有经历过的人才能感同身受吧。

姐弟俩的对话凄凄惨惨，忧伤漫延。

他说如果父亲还在，下个月就是他的七十大寿了。

可是这个世上根本没有如果，只有结果和后果。这句话是周西说的，那个美丽的姑娘。

才刚刚26岁的她从未想到自己会和癌症有一丝关联。

长期生理痛的她，某天因痛到晕眩进了医院，才发现左侧的卵巢长出了一个9.6cm×6.6cm的包块，医生说有可能是卵巢癌。

她蒙了！怕了！哭了！

自己那么年轻与要强，怎么会得如此重病？还没来得及向喜欢的男孩表白，还没对爸妈尽孝，还没来得及做自己喜欢的事情，意外却这样来了？

还好，姑娘足够坚强，这点坚强让她一度柔软到崩溃的心坚持登上《我是演说家》的舞台演讲，以此经历告知世人。她说26岁的我永远想不到和癌症有一丝一毫的关系，我有喜欢的工作，有爱我的亲人，但我好像永远也放不下我的手机，关不掉我的电脑，丢不掉我的工作。

人，就是这样，只有生病了，才想起缺失的锻炼会积劳成疾，却不知疾病早已潜藏在身体的某个角落，稍不留神它就会跳出来。

人生的意外太多了：才退休的某位领导，闲下来含饴弄孙，健身旅游，每天充实乐观，却意外得知患了胃癌，化疗后人消瘦无比，探望归来的人一直感慨命运弄人；朋友的妹妹刚到了新单位，还没来得及一展理想，却因车祸花季陨落；一年一度的体检，那个看起来年轻漂亮的女人得了肺癌，而她平时连小病都不常见……

有些悲戚忧伤，一辈子，都无法防备。总有一些人以为永远都会在，却因各种意外早早离世，留下活着的人痛到手足无措，心疼到无法呼吸，还没来得好好爱你，你就不见了？

单元楼里有我喜欢的一对小夫妻，男孩是医生，阳光帅气，女孩是老师，恬淡秀气，小两口相亲相爱。孩子刚刚一岁时，男孩忽患重病，没有任何征兆，于一周后离世。每一次碰面，我从不敢提起男孩，女孩认真地带着孩子生活。后来我加了她朋友圈，看到有一段话直接让我泪奔："能记住的全是我们的美好，如果还有未来，我一定会好好爱你……"

好好爱你，那么简单的愿望，却在生命终结后，变得那么难！

世间有山盟海誓、海枯石烂，却也有挥手后再也无法相见。这一生迎来很多人，也失去很多人。我们先是只有父母，然后有爱人，再有孩子及朋友，却最先失去父母，爱人，然后孩子再失去我们。

一代一代，如此往复，很多人只叹息生命无常，却没有认真地思考过生命的价值。

就像周西问的：如果未来和意外，有一天是意外先来，你有没有想过你最想要的是什么，你有没有想过自己能否承担得起这份责任？

年轻时，总认为自己还小，一辈子那么长，不幸和死亡离我们很遥远，却在人生的一次又一次别离中学会无奈成长。

不要等老人离去了，才说要尽孝，却让"无父何怙，无母何恃"的痛苦一直重复。

不要等失去爱人，才说忘了珍惜，有时一转身就是一辈子。

不要等孩子长大后，才说"没好好陪你"，让缺席遗憾终生。

或许人生的确有很多事情会迟到，但是只要你想做，一切都还来得及。

很希望在意外和明天到来之前,好好爱你,再好好爱自己和这个世界。

懂爱的女人，
永远明白自己要什么

一

初冬的第一场雪如期而至，心也随着雪花起起落落。

身边的女伴们嘻嘻哈哈地要去吃小火锅，想起那种"拨火煨霜芋，围炉咏雪诗"的意境，就美得不要不要的。

小竹却摇摇头，微笑说："亲爱的，你们去吧，我先回家了！"

"孩子放学不是有老人在家带吗？"有人问她。

"嗯，今天下雪了，院子会很滑，我害怕老的小的行动不便，我要赶回去。"

这是一个心存感恩的女子。

小竹的老公是军人，平时夫妻两地分居。小竹上班了，接送孩子的任务自然落在了公婆的身上，但是她尽量下了班就回家，周末拼命地做家务，老人生病了，她全都揽过来，累是累点，但一家人和睦健康，想想就很幸福！

这让他少了很多的后顾之忧，看她素眉洗尘，倚伴岁月，灵魂自由而洁净地爱着家人，内心就热烈又绵长。他执守一份温暖，不逐名利，只恋依偎在身边时的一份风月，她不贪富贵，亦求厮守在身边的一种长情。

二

"双十一"来时，很多女人都发了疯地开始购物，仅仅因为物品打折，有一种"不买就是傻瓜"的感觉，哪怕只比平时便宜了一块钱的卫生纸，也要重在参与。

小美女艳子说购物车也加满了，里面有一件心仪已久的大衣，一沓面膜，和一些零食。只是，一直没有确认，因为她觉得那些都是一些可有可无的东西。

只有一套书，散落在那儿，素净的封面诱惑着她，相当于一件UGG棉靴的价格，待在购物车里，她等着它降价。

终于挨到了最后付款的时间，她才发现大衣的评价并不好，面膜让利并不高，零食超市里都有，实在没有必要挤到物流的高峰期去购买。只有书，虽然只打了一点点折扣，但她仍默默地付了款。

付款是因为是真喜欢，并不是因为打折，因为对于喜欢的东西，花多少钱都值得，那份值得不会因为未来错过而遗憾。

这是一个喜欢以书来温暖自己的女孩。她说文字给生命赋予了一些本性的回归，心灵开始有所归属，清冽、醒透，带着些微的喜悦，充满了爱与宁静。

三

那天，我坐公交车回家，半道上来一对男女。

女人一副气鼓鼓的样子，一屁股坐在我前面的空位上，男子嬉皮笑脸，紧挨着她坐下，明眼人一看就知道，这是一对刚刚吵完架的夫妻。

她们刚坐定，我看到那个男子用手去握女人的手，以求示好，被她一把甩开了。男人稍稍有些窘，大概公共场合不好道歉，开始默不作声，然后若无其事地坐在那儿。过了一会儿，男人用手去拂弄女人的发丝，动作轻而温柔，这一次女人只是身子稍微倾斜一些，并未发作。

过一会儿，他掏出手机递给她，大概手机上有什么好笑的事情，女人没动，却也没有再躲开。

又过了10分钟，女人打了个哈欠，似乎有些累了，我看到男人赶紧将肩部朝她靠了靠，我看不到她的表情，但我能想象她的心已开始柔软。因为她明白，男人一直在道歉，所以我看到她的头轻轻地落在了他的肩上。

站台到了，我看到男人先站起来，手伸给女人，她毫不迟疑地牵住了他的手，男人笑了，反过手来握住她的手。

我也笑了，这一对吵架的夫妻，半小时内不动声色地交流，虽然有赌气与小作的成分，却依然懂得适度的妥协才能让爱更长久。

生活里有很多吵架的夫妻，由于把握不好度，时常因小矛盾吵出大是非，说很多伤人的话，流无数无趣的泪，甚至会狠狠地打上一架，然后又两两相厌，伤心又伤神。

四

凡凡是我的一个读者，她时常留言，很少在评论区说话，只是在后台给我留一些关于文字的感悟和她断续的经历，我也是有一搭无一搭地回复。

久了，才知道她正在读研，还有一个北大读研的男孩和她所在普通院校的男生同时在追求她。

我偶尔会回复，很好啊！北大？多少人望尘莫及。北大的研究生？名校学霸的世界不是我等人物所能理解的！

有一段时间，她没有来，我认为她恋爱了，和那个学霸。

某天，她留言，姐，我恋爱了，很幸福！

才知道她和那个同校的男生走在了一起，她说学霸像神一样存在，每天约会他只会督促我学习，争取优秀，以备找工作。本来我就压力满满，弄得每次约会我都有压力，生怕做出什么让他不开心的事或跟不上他的步伐。

而我现在的男友，很体贴，常在我疲惫时带我出去跑步，吃美食，在我放松的时候陪我上课。

和他在一起我很轻松，也很充实。

隔着网络我感受着她的妩媚妖娆，我竟是欢喜到心里去了。

这就是爱吧，因为它让人既放松又充实，带着纠缠的快乐，夹杂着怜惜，它不高高在上，也不低入尘埃，一切都是刚刚好。

五

这世间有很多种女人，唯有懂爱的女人才能活得幸福，因为她们明白自己要什么。

她们内心丰盈，情感细腻，心底有一份天宽地阔的远意，懂得分寸尺度，更懂深情。她们要能白头偕老、明月远远的温暖，也要年少时胼手胝足的热烈与浪漫，还有涉过千山万水的人间至味和天长地久的陪伴，在时光中永远保持自己最好的样子，邂逅幸福！

努力奔走的姑娘，
大都活成了女神的模样

一

波伏娃说："女人不是天生的，而是变成的，因为改变而软弱，因为改变而强大。"

这句话可以放在任何女人身上，包括 20 岁的幺幺。

小姑娘在生日那天在公众号里分享了自己的经历和一句歌词："变天后，变新娘，都是理想。"她说："天后还是新娘，都可以概括为一个词——万众瞩目，而自己也一直为这个努力着。"

这个一直待在我朋友圈里的小姑娘，一不小心活成了女神的模样，20 岁的生日 party 怀抱一束红玫瑰的样子，笑意盈盈地漾开，终于让她有了钻石加身，光芒万丈的这一刻。

一年内，新书上市，公众号粉从零到十万，成了微博时尚达人。她不再为前程迷茫，活得妄为。

肆意少年时，纵马山河奔。

其实，八个月前她从小城来到北京，还很迷茫。

因为大学里学的礼仪化妆，很多时候，她也会焦虑，焦虑自己毕业了，该干吗？

她说家里认定她不是一个有出息的孩子，甚至早早给她买了个小门面，离大学城很近，大不了回去开一家奶茶铺子。

却在 19 岁这一年，上帝给她打了所有的窗。

其实并不是天生幸运，一个小女生，每天很想玩，又惦记写稿，从来没有很早睡，一直很努力。

她说很羡慕那些运气好的人，但是自己却从来没有停止过靠近运气的脚步。

二

知乎里有一条消息："为什么汤唯现在活成了广大年轻群体，尤其是大学生心目中的女神？"

有一条回答打动了我：她的眼睛会笑，她的眉毛弯成了一道桥。

其实，这个曾因《色戒》被封杀的女人，最初并没有美到惊艳，而是随着岁月的洗涤，气质一点点有了遗世独立的味道。

她美的是味道。

为了演好王佳芝，她被带到上海训练，唱苏州评弹，练习打麻将，妖娆地穿着高跟鞋又裹进旗袍里，才可以在戏里"凸胸凹腰，宛若游龙地游进玻璃门。"3个月的训练后，直到李安满意了，才签下了合同。

9月开机的《色戒》，一共拍了118天的戏，有114天都在拍汤唯，李安把整部戏的成败押在一个新人身上，她唯有顶住压力全情投入。

却因全裸的后背而遭封杀。

性子柔软坚定，封杀又如何？

在李安的推荐下，她带着全部身家出走英国，在沉寂多年无人知晓的日子后。又见到嘴角上扬那一抹自信，更加动人。

我曾在一些夜晚追了她所有的剧《月满轩尼诗》《晚秋》《北京遇上西雅图》还有《黄金时代》

剧中的王佳芝、安娜陈、爱莲、萧红这些角色里的气质她全有，实则那份倾情投入演着千变万化的自己，才有那些真实又值得探索的灵魂。

那些低谷时苦学英语，在伦敦街头做艺人，出卖绘画和设计才能，做羽毛球教练，甚至重新回到镜头下走T台，都是轻推火，等着慢出味。

很多人都看到她的盛名在外，却没人知晓她的努力在内。

勇敢的姑娘，在追逐自由的路上一路走去，谁能说她不会成为别人的女神呢？

三

2014年的春晚,曾有一个让很多男人过目不忘的法国女人——苏菲·玛索,她的表演令人惊艳,就像弹幕的一条留言:"这是一个活成精的女人。"

活成精,想必早已超越了女神的说辞。

她有着20岁的容貌和40岁的年龄,那种成熟与天真的结合体敌得过任何莺莺燕燕。

这个在14岁因电影《初吻》被称为"法兰西之吻"的女人。活得激情四射,很多源于她内心的强大与安宁。

很久前看过一个论坛的提问:"一个相貌平淡,家境清淡,才华寡淡的女人,究竟在这个世界上能得到什么?"

却不知苏菲也出身于巴黎市郊小镇上一个有点重男轻女的家庭,父亲是卡车司机,母亲是超市售货员,她从小被当作男孩子一样养大。

或许你说她漂亮。

但她说过:"很多人喜欢我,并非因为我漂亮。"一个不把自己美丽当回事的女人,一定有足够的智慧。

四

这个9岁时父母离异的明星,19岁因为拍摄《狂野的爱》

与早期玉女形象抵触被高蒙公司横加干涉，她一怒之下背负了100万法郎的债务买断合约。

和安德烈恋爱了17年却也没有步入婚姻。最后仍是分手。

且在感情上一波三折。她却活得无畏无惧。

这些不堪都掩在了她的经历里。

却敛尘上马，又裹尘而来，依然开朗、快乐、情绪舒缓地和许多美好不期而遇。

她曾在几年前接受杨澜采访时说："女人最可悲的不是年华老去，而是在婚姻和平淡生活中的自我迷失，女人可以衰老，但一定要优雅到死，不能让婚姻将女人消磨得失去光泽。我梦想的生活是可以随时放下一切，退回自己的世界，享受安静和幸福，每个灵魂都该是自由的，不受任何人的限制。"

风卷马啼轻，裁风织雨晴。

这些活成了女神的女人们，都将人生当作一场修行，不讨巧、不顺从，也不畏惧，并在磨难中杀伐决断，一路向前。

那种魅力不仅存在于她外在的容颜，内在的修养，还有灵魂的成长与慈悲的胸怀里，当然还有一副历经世事沉浮时不忘岁月静好的样子。